图灵程序设计丛书

Math Adventures with Python

用Python学数学

[美] 彼得·法雷尔（Peter Farrell）◎ 著　　严开 ◎ 译

U0300201

人民邮电出版社

北　京

图书在版编目（CIP）数据

用Python学数学 / （美）彼得·法雷尔
(Peter Farrell) 著；严开译. -- 北京 ：人民邮电出
版社，2021.5
（图灵程序设计丛书）
ISBN 978-7-115-56242-5

Ⅰ. ①用… Ⅱ. ①彼… ②严… Ⅲ. ①软件工具－程
序设计 Ⅳ. ①TP311.561

中国版本图书馆CIP数据核字(2021)第054480号

内 容 提 要

本书向读者展示如何利用编程来让数学学习变得有意义并且充满乐趣。读者在探索代数学、几何学、三角学、矩阵和元胞自动机等领域的关键数学概念时，将学会在 Python 语言的帮助下使用代码可视化一系列数学问题的解决方案。读完本书，读者还可以编写自己的程序来快速解方程，自动完成一些烦琐的任务，以及编写函数来绘制和操作形状，等等。

本书适合所有对数学感兴趣的人和数学教师阅读。

◆ 著　　　　[美] 彼得·法雷尔（Peter Farrell）
　　译　　　　严 开
　　责任编辑　杨 琳
　　责任印制　周昇亮
◆ 人民邮电出版社出版发行　　北京市丰台区成寿寺路11号
　　邮编　100164　电子邮件　315@ptpress.com.cn
　　网址　https://www.ptpress.com.cn
　　北京天宇星印刷厂印刷
◆ 开本：800×1000　1/16
　　印张：17.5　　　　　　　　　2021年5月第1版
　　字数：414千字　　　　　　　2025年3月北京第13次印刷
　　　　著作权合同登记号　图字：01-2019-7527号

定价：109.80元
读者服务热线：(010)84084456-6009　印装质量热线：(010)81055316
反盗版热线：(010)81055315

版权声明

谨以此书献给我所有的学生，我从你们身上学到了很多。

前　言

你更能接受图 0-1 中的哪种数学教学方式？左边是传统的方式，涉及定义、命题和证明。这种方式的阅读量很大，还包含很多奇怪的符号。你可能很难想到这和几何图形有关。实际上，这段文本解释了如何找到三角形的**重心**（或形心）。这样的传统教学方法并不会提起我们寻找三角形重心的兴趣。

图 0-1　两种教授重心的方式

　　右边则是一张由约 100 个旋转的三角形组成的动态草图。这是个有挑战性的编程项目，如果你想让三角形旋转得当（而且转得好看），就必须找到它的重心。在很多情况下，不了解几何图形背后的数学原理就画不出精美的图形。你将在本书中看到，我们只需要一点三角形背后的数学知识（比如重心）就能很容易地创造出艺术品。懂数学且会设计的学生更有可能去钻研几何学，不会看到几个平方根或一两个三角函数就被吓跑。然而，只做教科书上的习题却看不到任何结果的学生，恐怕不会有学习几何学的动力。

我做了 8 年数学老师和 3 年计算机科学老师，根据我的经验，喜欢视觉教学法的学生远远多于喜欢学术教学法的学生。在创造有意思的东西的过程中，你会发现数学绝不仅是遵循步骤去解方程。运用编程探索数学能让你发现很多解决有趣问题的方法。你虽然可能会遇到许多始料未及的错误，但这也是提升自己的机会。

这就是学校数学和真实数学之间的区别。

"学校数学"的问题

究竟什么是"学校数学"？在 19 世纪 60 年代的美国，学校数学是为成为记账员所做的准备，就是手动将一列列数字加起来。现在的工作与以往不同，这些岗位的准备工作也要随之而变。

实践是学习的最好方式。但学校并不经常让学生实践，而是更多地让学生被动学习。英语课和历史课上的实践可能是写论文和做演讲，科学课上的实践就是做实验，那数学课呢？以前，数学课上的实践就是解解方程、分解分解因式、画画函数图像。但是现在，计算机可以为我们完成大部分的计算工作，这些实践已经不够了。

学习如何自动化解方程、分解因式和画函数图像并非我们的终极目的。学习自动化某个流程的目的是让学生比以前更深入地研究这个主题。

图 0-2 展示了教科书中的典型数学问题，它要求学生定义函数 $f(x)$，并就大量的 x 对它求值。

练习 1 ~ 22：求以下函数的值。

$$f(x) = \sqrt{x+3} - x + 1$$
$$g(t) = t^2 - 1$$
$$h(x) = x^2 + \frac{1}{x} + 2$$

1. $f(0)$
2. $f(1)$
3. $f(\sqrt{2})$
4. $f(\sqrt{2} - 1)$

图 0-2　教授函数的传统方式

后面还有 18 个同样形式的问题！这种习题对 Python 这样的编程语言来说是小菜一碟。我们只要定义函数 $f(x)$，然后反复从 x 值的列表中取出一个值代入即可：

```
import math

def f(x):
    return math.sqrt(x + 3) - x + 1

# 要带入的值的列表
```

```
for x in [0,1,math.sqrt(2),math.sqrt(2)-1]:
    print("f({:.3f}) = {:.3f}".format(x,f(x)))
```

最后一行是为了让输出更好看，将答案保留至三位小数：

```
f(0.000) = 2.732
f(1.000) = 2.000
f(1.414) = 1.687
f(0.414) = 2.434
```

在 Python、JavaScript 和 Java 等语言中，函数是转换数和其他对象（甚至其他函数）的重要工具！你可以给 Python 里的函数命名，让人更容易明白它是做什么的。举个例子，可以将一个计算矩形面积的函数命名为 calculateArea()：

```
def calculateArea(width,height):
```

伯努瓦·芒德布罗（Benoit Mandelbrot）在为 IBM 工作期间首次在计算机上生成了他的著名分形。数十年后，一本于 21 世纪出版的数学教科书展示了一张芒德布罗集的图像，并对这一发现大加赞扬。那本书将图 0-3 所示的芒德布罗集描述为"一个从复数中衍生出的迷人的数学对象，它的边界混乱而又美丽"。

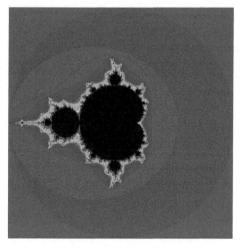

图 0-3　芒德布罗集

接着，那本教科书带领读者进行了一次痛苦的"探索"，教学生如何变换复数平面内的一个点。糟糕的是，它只教了如何用计算器变换。这意味着在相当长的时间内只能变换两个点（每个点的变换一般包含 7 次迭代计算）。对，只有两个点。

在本书中，你将学到如何用 Python 程序自动变换几十万个点，甚至画出上面的芒德布罗集图像！

关于本书

本书旨在用编程工具将数学变得有趣、与时俱进，同时又不失挑战性。你将画图展示一个函数所有可能的输出，制作动态、可交互的艺术品，甚至创造一个有羊到处跑、吃草和繁殖的生态系统。你还将创造一个物种，这种生物会在你的注视下不断"变异"和"交配"，直到找到游历许多城市的最短路径！

用 Python 和 Processing 完成这些项目是对数学课堂所欠缺的实践内容的极佳补充。本书并不是帮你略过数学，而是让你用最新、最棒的工具发挥创造力并学习真正的计算机技能，探索与发现数学、艺术、科学和技术的联系。Processing 将为你提供图形、图案、动作和颜色，Python 则在幕后执行你的指令并完成计算工作。

对于本书中的每个项目，你都将从空白文件开始编写代码，每完成一步都会检查进度。通过犯错并调试你的程序，你将对每个代码块的功能有更深的理解。

目标读者

本书适合所有正在学习数学和想用现代工具学习数学主题（如三角学和代数学）的人。如果你是 Python 学习者，可以通过本书将自己不断增长的编程技能应用于元胞自动机、遗传算法和计算艺术等非凡的项目。

教师可以用本书中的项目给学生挑战，或者使数学更加易于理解且紧跟时代。要教授矩阵，有什么比将一堆点保存到矩阵中然后用其画一个 3D 图像更好的方法呢？等你学会 Python，就能做到这一点，并将做到更多。

内容简介

本书的前 3 章涵盖 Python 的基本概念，你将在此基础上探索更复杂的数学。接下来的 9 章探讨一些数学概念和问题，你将用 Python 和 Processing 可视化这些概念并解决这些问题。你可以挑战自我，运用所学知识解决书中给出的问题。

第 1 章：用 turtle 模块绘制多边形　通过 Python 内置的 turtle 模块介绍循环、变量和函数等基本编程概念。

第 2 章：用列表和循环把烦琐的算术变有趣　深入介绍列表和布尔值等编程概念。

第 3 章：用条件语句检验猜测　将你不断增长的 Python 技能应用到分解因数和制作互动式的猜数游戏等问题上。

第 4 章：用代数学变换和存储数　从解简单方程进阶到用数值方法和作图法求解三次方程。

第 5 章：用几何学变换形状　演示如何创造形状，然后复制、旋转并散布到整个屏幕。

第 6 章：用三角学制造振荡　从直角三角形出发，制造振荡图形和波。

第 7 章：复数　教你如何用复数让点在屏幕上移动，创造出像芒德布罗集那样的图案。

第 8 章：将矩阵用于计算机图形和方程组　带你进入第三个维度，对 3D 图形进行平移和旋转，还将用一个程序解决庞大的方程组。

第 9 章：用类构建对象　介绍如何创建单个对象或者你的计算机能够处理的许多对象，以及模拟一场在一块面积有限的美味草地上进行的羊群生存之战。

第 10 章：用递归制作分形　展示如何用递归作为一种全新的方式来测量长度和创建意想不到的图案。

第 11 章：元胞自动机　教你如何编码生成按自己制定的规则运作的元胞自动机。

第 12 章：用遗传算法解决问题　展示如何利用自然选择理论解决其他方法一百万年都无法解决的问题。

下载和安装 Python

安装 Python 最简单的方法是使用 Python 3 软件发行包，它可以通过 Python 官方网站免费获取。Python 已经成了世界上最受欢迎的编程语言之一。人们用它创建了 Google、YouTube 和 Instagram 这样的网站。全世界各大高校的研究人员用它来处理数据，涉及从天文学到动物学的各个领域。截至本书成书时，其最新版本是 Python 3.7。可以前往 Python 网站选择最新版本的 Python 3，如图 0-4 所示。

图 0-4　Python 软件基金会官方网站

根据你的操作系统选择相应的版本。网站检测到我使用的是 Windows 系统。点击下载好的文件，如图 0-5 所示。

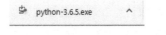

图 0-5　点击下载好的文件，开始安装

按照指示操作，并始终选择默认选项。安装可能需要几分钟。完成后，在系统中搜索"IDLE"。这指的是 Python IDE，也就是**集成开发环境**（integrated development environment）。你在编写 Python 代码的时候会用到它。为什么叫它 IDLE 呢？因为 Python 编程语言是以 Monty Python 喜剧团的名字命名的，而其成员之一名叫 Eric Idle。

启动 IDLE

在你的系统中找到 IDLE 并打开它，如图 0-6 所示。

图 0-6　在 Windows 系统中打开 IDLE

一个名为 shell 的窗口将会出现。你可以把它当作交互式编码环境，但如果想保存代码的话，要点击标签 File ▸ New File 或按 CTRL-N，一个文件窗口将会出现（如图 0-7 所示）。

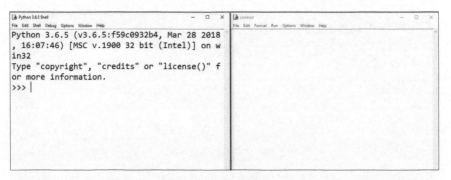

图 0-7　Python 的交互式 shell（左侧）和新建模块（文件）窗口，开始写代码吧

你将在这个窗口中编写自己的 Python 代码。我们还将用到 Processing，下面就来看看如何下载并安装它。

安装 Processing

用 Python 可以做很多事情,我们也会经常使用 IDLE。但当我们想制作一些复杂的图形时,通常会使用 Processing。Processing 是一个专业级的图形库,被程序员和艺术家用于制作动态、可交互的艺术作品和图形。

前往 Processing 官方网站并选择你的操作系统,如图 0-8 所示。

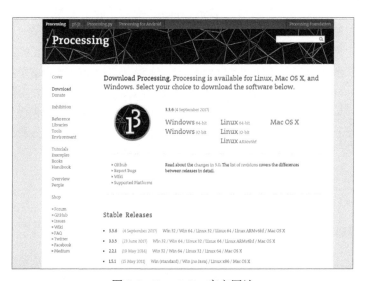

图 0-8　Processing 官方网站

下载和你的操作系统匹配的安装程序,按照指示安装。双击图标启动 Processing,它默认为 Java 模式。点击 Java 打开下拉菜单,如图 0-9 所示,然后点击 Add Mode。

图 0-9　在此找到 Processing 的其他模式,比如我们将使用的 Python 模式

选择 Python Mode ▸ Install。安装大概需要一两分钟。完成后，你就可以在 Processing 中编写 Python 代码了。

现在你已经设置好了 Python 和 Processing，可以开始探索数学了！

致谢

我要感谢有"The Mathman"称号的 Don Cohen，他向我展示了真正的数学是多么有趣、多么有挑战性。感谢 Seymour Papert，他证明了编写代码应被纳入数学课堂。感谢 Mark Miller，他给了我将想法化为行动的机会。感谢 theCoderSchool 的 Hansel Lynn 和 Wayne Teng，他们让我一直与学生快乐编码。还要感谢 Ken Hawthorn，他在自己的学校里分享了我的项目。我要向 No Starch 的编辑 Annie Choi、Liz Chadwick 和 Meg Sneeringer 致谢，本书在你们的帮助之下变得更棒。感谢技术审校 Paddy Gaunt，你的贡献虽然无形却贯穿本书。如果没有你们，本书根本不会存在。谢谢每个对我说"不"的人，是你们给我了继续下去的动力。最后，感谢始终信任着我的 Lucy。

电子书

扫描如下二维码，即可购买本书中文版电子版。

目　录

第一部分

搭上你的 Python 马车

第 **1** 章

用 turtle 模块绘制多边形

几百年前，有个西方人听一个印度教徒说地球处在一只乌龟的背上。被问到这只乌龟站在什么东西上时，印度教徒解释说："一直往下，全是乌龟。"

在开始运用数学来构建你将在本书中看到的所有炫酷事物之前，你需要学习使用一种叫作 Python 的编程语言向计算机发出指令。在本章中，你将使用 Python 内置的 turtle 工具绘制不同的形状，并且熟悉一些基本的编程概念，如循环、变量和函数。你将看到用 turtle 模块学习 Python 的基本功能非常有趣，可以让你亲身体验到能通过编程创建什么。

1.1 Python 的 turtle 模块

Python 的 turtle 模块基于 Logo 编程语言中最初的 turtle 代理。Logo 语言发明于 20 世纪 60 年代，旨在让每个人都能更方便地进行计算机编程。Logo 的图形化环境使人们与计算机的交互变得直观、有吸引力。（查看 Seymour Papert 的精彩著作《因计算机而强大》，了解使用 Logo 的虚拟海龟学习数学的更多好点子。）Python 编程语言的创造者们非常喜欢 Logo 的海龟，因此编写了 Python 的 turtle 模块，用于复制 Logo 中 turtle 的功能。

这个模块可以让你控制一个海龟形状的小小图像，就像控制游戏里的角色一样。你需要给出精确的指令来引导小海龟在屏幕上到处爬。海龟会在它经过的地方留下痕迹，所以我们可以编写一个程序来用它画出不同的形状。

首先来导入 turtle 模块吧!

1.1.1 导入 turtle 模块

在 IDLE 中新建一个 Python 文件，将其命名为 myturtle.py 并保存在 Python 文件夹中。你应该会看到一个空白的页面。要在 Python 中使用 turtle 工具，必须先从 turtle 模块中导入函数。

函数是一组可重用的代码，用于在程序中执行一个特定的动作。Python 有许多内置的函数，你也可以编写自己的函数（本章稍后会介绍）。

Python 中的**模块**是一个包含预先定义好的函数和语句的文件，让你可以在另一个程序中使用这些函数和语句。例如，turtle 模块包含很多在你安装 Python 时自动下载的有用代码。

我们可以通过多种方式从模块中导入函数，这里用一个简单的方法。打开你刚刚创建的myturtle.py 文件，在顶部输入以下内容：

```
from turtle import *
```

from 命令表明要从文件外部导入一些内容。然后我们给出要导入的模块的名称，在这里是turtle。我们使用 import 关键字从 turtle 模块中获取想要的代码。这里用星号（*）作为**通配符命令**（wildcard command），表示"导入该模块中的所有内容"。请务必在 import 和星号间加一个空格。

警告

不要将文件保存为 turtle.py。这个文件名已经存在，会导致与 turtle 模块导入的冲突！其他文件名都可以使用，如 myturtle.py、turtle2.py 和 mondayturtle.py，等等。

1.1.2 让小海龟动起来

导入好 turtle 模块，就可以输入指令来移动海龟了。我们将使用 forward() 函数（可简写为 fd）使海龟向前移动一定的步数，同时在后面留下一条痕迹。注意，forward() 是我们刚刚从 turtle 模块中导入的函数之一。输入以下内容使海龟向前移动：

```
forward(100)
```

这里使用 forward() 函数，括号里的 100 表示海龟应该移动多少步。在此情况下，100 就是我们传递给 forward() 函数的**参数**。所有函数都接收一个或多个参数。你也可以随意传递其他的数给这个函数。按下 F5 运行程序，应该会打开一个新窗口，中间有一个箭头，如图 1-1所示。

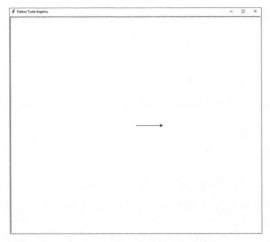

图 1-1　运行你的第一行代码

可以看到，海龟从屏幕中央出发向前爬了 100 步（其实是 100 像素）。注意，默认的形状是一个箭头而非海龟，并且箭头默认指向右边。要把箭头改成海龟，请将代码更新成下面这样：

myturtle.py

```
from turtle import *
forward(100)
shape('turtle')
```

你可能看出来了，shape() 是 turtle 模块中定义的另一个函数。它可以让你把默认的箭头改变成其他形状，比如圆形、正方形或海龟。这里，shape() 函数以字符串值 'turtle' 作为参数，而不是以一个数作为参数。（你将在下一章学到更多关于字符串和其他数据类型的知识。）保存并再次运行 myturtle.py 文件。你应该会看到像图 1-2 中那样的结果。

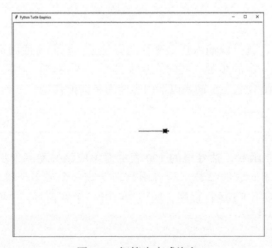

图 1-2　把箭头变成海龟

现在你的箭头应该看起来像一只小海龟了！

1.1.3 改变方向

海龟只能朝它面对的方向前进。要改变海龟行进的方向，必须先用 right() 或 left() 函数使海龟转过指定的角度，然后再让它往前爬。更新你的 **myturtle.py** 程序，添加下面的最后两行代码：

myturtle.py

```
from turtle import *
forward(100)
shape('turtle')
right(45)
forward(150)
```

这里，我们使用 right() 函数（可简写为 rt()）让海龟向右转 45 度，然后再使其前进 150 步。运行这段代码，输出结果应该如图 1-3 所示。

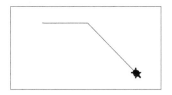

图 1-3　改变海龟的方向

可以看到，海龟从屏幕中间出发向前爬了 100 步，然后向右转 45 度，又向前爬了 150 步。注意，Python 按照从上到下的顺序依次运行每一行代码。

练习 1-1：方块舞

回到 **myturtle.py** 程序。你的第一个挑战是修改程序中的代码，只使用 forward() 函数和 right() 函数使海龟画出一个正方形。

1.2　用循环使代码重复运行

每种编程语言都有一种按照指定次数自动重复执行命令的方法。这很有用，因为可以让你不必一遍又一遍地敲出相同的代码使程序变得混乱，还可以帮你避免可能妨碍程序正常运行的拼写错误。

1.2.1 使用 for 循环

在 Python 中，我们用 for 循环使代码重复运行，还可以使用 range 关键字指定循环的次数。在 IDLE 中新建一个程序文件，将其保存为 for_loop.py，然后输入以下内容：

```
for i in range(2):
    print('hello')
```

这里，range() 函数为每轮 for 循环提供一个 i，或者说创建一个**迭代器**。迭代器是一个值，每次使用时都会增大。括号中的数 2 是我们传递给函数的参数，用来控制函数的行为。这与我们前面向 forward() 函数和 right() 函数传递不同数值的方式类似。

在本例中，range(2) 创建了一个由 0 和 1 两个数字组成的序列。对于这两个数字中的每一个，for 命令都会执行冒号后的指定动作，即打印单词 hello。

请确保按 Tab 键缩进要重复执行的每行代码（一个 Tab 制表符相当于四个空格）。缩进可以让 Python 知道哪些行属于循环，这样 for 就能确切地知道要重复执行哪些代码。不要忘记结尾处的冒号，它让 Python 知道其后的内容属于循环。运行程序，你应该会在 shell 中看到如下打印结果：

```
hello
hello
```

可以看到，程序打印了两次 hello，因为 range(2) 生成了一个包含 0 和 1 两个数的序列。也就是说，for 命令循环遍历序列中的两个项，每次都打印 hello。我们来更新括号中的数，如下所示：

```
for i in range(10):
    print('hello')
```

运行程序，你应该得到如下所示的 10 个 hello：

```
hello
hello
hello
hello
hello
hello
hello
hello
hello
hello
```

你将在学习本书的过程中多次用到 for 循环，下面再来尝试一个例子：

```
for i in range(10):
    print(i)
```

在 Python 中，计数不是从 1 开始，而是从 0 开始，所以 for i in range(10) 返回数 0 ~ 9。这段示例代码表示"遍历从 0 到 9 的每个整数，并打印当前的数"。之后 for 循环重复运行循环内的代码，直到遍历完该范围内的所有数。运行这段代码，你将得到下面这样的结果：

```
0
1
2
3
4
5
6
7
8
9
```

你在未来一定要记住，在使用 range 的循环中，i 从 0 开始并在 range 的最后一个参数之前停止。不过目前，如果你想让某段代码重复运行四次，可以使用如下写法：

```
for i in range(4):
```

就这么简单！让我们看看如何运用它吧！

1.2.2　运用 for 循环画一个正方形

练习 1-1 给你的挑战是只用 forward() 函数和 right() 函数画一个正方形。为此，你得重复使用 forward(100) 和 right(90) 四次。但这样需要多次输入同样的代码，不仅耗时而且容易出错。

我们用一个 for 循环来避免输入重复的代码。下面是使用了 for 循环的 myturtle.py 程序，它没有重复四次 forward() 函数和 right() 函数：

```
from turtle import *
shape('turtle')
for i in range(4):
    forward(100)
    right(90)
```

注意 shape('turtle') 应该出现在导入 turtle 模块后、开始绘制之前。for 循环内的两行代码让海龟前进 100 步然后向右转 90 度。（你可能得和海龟面朝一样的方向才能知道哪边是"右"！）因为正方形有四条边，所以我们用 range(4) 重复运行这两行代码四次。运行该程序，你会看到如图 1-4 所示的图像。

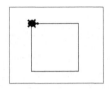

图 1-4　利用 for 循环画出的正方形

你应该能看到海龟总共向前爬然后右转了四次，最后回到了起始位置。你成功用 for 循环画出了一个正方形！

1.3　用函数创建快捷操作

我们编写好了绘制正方形的代码，然后就可以将其保存在一个神奇的关键字中了。这样，每次需要画正方形时，都可以直接调用该关键字。每种编程语言都提供了这样做的方法，在 Python 中称其为**函数**。这也是计算机程序设计中最重要的功能。函数使代码变得紧凑且易于维护，而且将问题分解为一个个函数往往能让你找到最佳的解决方法。你在前面使用了一些 turtle 模块的内置函数，而在本节中则将学习如何定义自己的函数。

定义函数的第一步是为函数取个名字。你想取什么名字都可以，但不能是 Python 的关键字，比如 list 和 range 等。函数的名字最好具有描述性，这样再次用到的时候就能想起它们的用途。因为我们要用自己的函数画一个正方形，所以把它命名为 square()：

myturtle.py

```
def square():
    for i in range(4):
        forward(100)
        right(90)
```

def 命令告诉 Python 我们要定义一个函数，给出的下一个单词就是函数的名字，这里是 square()。别忘了 square 后的括号！在 Python 中，这对括号表明前面的名字代表一个函数。之后，我们会在括号里放入值。即使不需要任何值，也应该把括号写出来，好让 Python 知道你在定义一个函数。此外，不要忘记函数定义后的冒号。注意我们缩进了函数内的所有代码，以便让 Python 知道哪些代码属于函数内部。

如果现在运行这段代码，什么也不会发生。你只是定义了一个函数，还没有让程序运行它。要运行这个函数，需要在 myturtle.py 的末尾、函数定义之后**调用**它。输入代码清单 1-1 所示的代码。

```
from turtle import *
shape('turtle')
def square():
    for i in range(4):
        forward(100)
        right(90)
square()
```

像这样在文件末尾调用 square() 函数，程序应该可以正常运行。你随后就可以在程序的任何地方使用 square() 函数来快速绘制另一个正方形了。

你还可以在循环中调用这个函数来构建更复杂的图像。例如，如果要画一个正方形、向右转一点儿，再画一个正方形、再向右转一点儿，并重复这些步骤若干次，那么将该函数放在循环中会更合理。

下面的练习展示了一个由正方形构成的有趣的图形！你的小海龟可能要花一些时间来画这个图形，因此可以在 myturtle.py 中的 shape('turtle') 后添加 speed() 函数来加速。用 speed(0) 能让海龟以最快速度移动，而 speed(1) 则是最慢速度。你可以试试不同的速度，比如 speed(5) 和 speed(10)。

练习 1-2：一圈方块

编写并运行一个函数来画出 60 个正方形，并且每画一个就右转 5 度。要用循环！你的结果应该类似于这样：

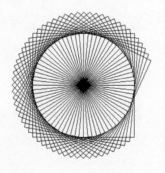

1.4　利用变量画出不同的图形

目前我们画的正方形都是一样的大小。要画出不同大小的正方形，需要改变海龟在每条边上前进的距离。我们不用在每次需要不同长度时都改变 square() 函数的定义，而是可以使用一个**变量**。在 Python 中，变量代表一个你可以改变的值，就像在代数学中，x 可以代表方程里一个可能变化的值。

在数学课上，变量都是单个字母，但在编程时，你可以给变量取任何名字！与给函数命名的道理一样，我建议你使用具有描述性的名字，使你的代码更易读、易懂。

1.4.1　在函数中使用变量

定义函数时，可以在括号内使用变量作为函数的参数。例如，你可以将 myturtle.py 程序内 square() 函数的定义改成下面这样，从而画出任意大小的正方形：

```
def square(sidelength):
    for i in range(4):
        forward(sidelength)
        right(90)
```

这里使用了变量 sidelength 来定义 square() 函数。现在，每当调用这个函数时都要在括号内放置一个值，我们称之为**参数**。括号内的数将被用来代替 sidelength。例如，调用 square(50) 和 square(80) 后的图像会如图 1-5 所示。

图 1-5　一个边长为 50 的正方形和一个边长为 80 的正方形

使用变量定义一个函数后，只要输入不同的数就可以调用 square() 函数，而无须每次都更新函数的定义。

1.4.2　变量错误

此时如果忘记在括号中放入一个值，将会得到这样的错误提示：

```
Traceback (most recent call last):
  File "C:/Something/Something/my_turtle.py", line 12, in <module>
    square()
TypeError: square() missing 1 required positional argument: 'sidelength'
```

这个错误告诉我们 sidelength 缺少一个值，所以 Python 不知道要画一个多大的正方形。为避免这一错误，可以在函数定义的第一行给边长一个默认值：

```
def square(sidelength=100):
```

这里将 sidelength 的默认值设为 100。现在，如果在 square 后的括号内放入一个值，函数会画出以相应长度为边长的正方形，但是如果让括号空着，程序不会报错，而是会画出一个默认边长为 100 的正方形。更新后的代码应该会生成如图 1-6 所示的图形：

```
square(50)
square(30)
square()
```

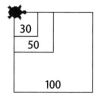

图 1-6 一个默认边长为 100 的正方形和两个边长各为 50 和 30 的正方形

设置一个像这样的默认值可以让我们更方便地使用函数，不用担心做错什么使程序报错。在编程中，这叫作使程序更**健壮**。

练习 1-3：试试三角形吧

编写一个 triangle() 函数，根据给定边长画出一个等边三角形。

1.5 等边三角形

多边形是指有多条边的图形。**等边三角形**是一种特殊的多边形，拥有三条长度相同的边，如图 1-7 所示。

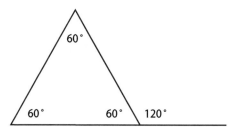

图 1-7 等边三角形的几个角，包括一个外角

等边三角形有三个角度相同（都是 60 度）的内角。你可能会回想起几何课上学到的这条定律：等边三角形的三个内角之和是 180 度。实际上，不只是等边三角形，所有三角形的内角和都是 180 度。

1.5.1 编写 triangle() 函数

让我们用目前学到的知识写一个函数，让小海龟爬出一条三角形的路吧。因为等边三角形的每个内角都是 60 度，所以可以把 square() 函数中 right() 右转的角度改成 60，就像这样：

myturtle.py

```
def triangle(sidelength=100):
    for i in range(3):
        forward(sidelength)
        right(60)

triangle()
```

保存并运行这个程序，结果却不是三角形，而是像图 1-8 中一样的图形。

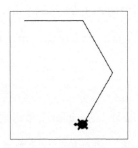

图 1-8　初次尝试画三角形

看起来我们在画一个六边形，而不是三角形。这是因为小海龟右转了 60 度，即等边三角形内角的度数。我们应该把外角的度数传递给 right() 函数，因为小海龟转过的角度是外角，而不是内角。画正方形时没有出现这个问题，因为正方形的内角和外角刚好角度相等，都是 90 度。

要计算三角形外角的度数，只要用 180 度减去内角的度数即可。计算得到等边三角形外角的度数是 120 度。将代码中的 60 改成 120，就能画出三角形了。

> **练习 1-4：多边形函数**
>
> 编写一个名为 polygon 的函数，以一个整数作为参数，画出一个以此整数作为边数的多边形。

1.5.2 让变量变起来

变量还有更多用处，比如我们可以让变量自动增加一定的值。这样每次运行 square() 函数，画出的正方形都会比之前的大一点儿。例如，设置一个变量 length，以其值为边长画一个正方形。

然后，在画下一个正方形前，像下面这样增加 length 变量的值：

```
length = length + 5
```

作为一个数学爱好者，我第一次看到这行代码时完全无法接受。怎么会"边长等于边长加 5"呢？这不可能！但代码不是等式，这里的等号（=）并不表示"这一边等于那一边"。**编程中的等号表示我们在赋值。**

看下面这个例子。打开 Python shell 并输入以下代码：

```
>>> radius = 10
```

这表示我们要创建一个名为 radius 的变量（如果这个名字没有被占用的话）并把 10 这个值赋给它。之后你可以随时赋给它任意值，像这样：

```
radius = 20
```

按下 Enter 键运行代码。这行代码表示把 20 赋给变量 radius。要检查变量是否和某个东西相等，可以用双等号（==）。比如要检查 radius 的值是否等于 20，可以向 shell 输入以下代码：

```
>>> radius == 20
```

按下 Enter 键，shell 应该会打印如下内容：

```
True
```

现在变量 radius 的值是 20 了。通常情况下，让变量递增或递减比手动给变量赋值更有用。你可以用一个叫 count 的变量来对程序中某个事件发生的次数进行计数。这个变量应该从 0 开始，事件每发生一次，它的值就增加 1。要使一个变量的值增加 1，你可以在其值上加 1，然后把得到的值赋给原变量，就像这样：

```
count = count + 1
```

为了让代码更紧凑，也可以这样写：

```
count += 1
```

这表示"给我的 count 变量加 1"。这样的记号有加法、减法、乘法和除法版本。下面在 Python shell 中运行这行代码来看看它的实际效果。我们把 12 赋给 x、把 3 赋给 y，然后让 x 的值增加 y：

```
>>> x = 12
>>> y = 3
>>> x += y
>>> x
15
>>> y
3
```

注意 y 的值没有改变。我们可以用相似的记号进行加减乘除运算，使 x 的值递增或递减：

```
>>> x += 2
>>> x
17
```

现在把 x 的值变为当前值减 1：

```
>>> x -= 1
>>> x
16
```

x 变成了 16。现在把 x 的值变为当前值的两倍：

```
>>> x *= 2
>>> x
32
```

最后将 x 的值变为当前值的四分之一：

```
>>> x /= 4
>>> x
8.0
```

现在你学会了如何运用算术运算符加一个等号使变量递增或递减。总而言之，x += 3 使 x 的值增加 3，而 x -= 1 使 x 的值减 1，依此类推。

你可以用下面这行代码使边长在每次循环中增加 5，它会在接下来的练习中派上用场：

```
length += 5
```

使用这个记号，每当运行这行代码时，length 的值都会增加 5。

练习 1-5：海龟螺旋

编写一个函数来画 60 个正方形，每画完一个正方形就向右转 5 度并增大边长。边长从 5 开始，每画一个正方形递增 5。画好的图形应该类似于这样：

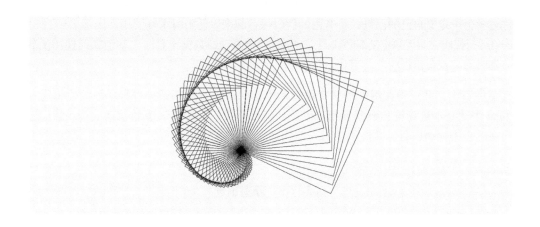

1.6 小结

在本章中，你学会了使用 Python 的 turtle 模块及其内置函数（如 forward() 和 right()）来绘制不同的形状。小海龟可以执行的函数比我们介绍的多得多。在继续下一章之前，我鼓励你试一试另外几十个函数。如果你在网上搜索"python turtle"，第一个结果可能就是 Python 官方网站上的 turtle 模块文档。你能在该页面上找到所有的 turtle 方法，其中一些如图 1-9 所示。

图 1-9　你可以在 Python 官网上找到更多的 turtle 函数和方法

你还学会了定义自己的函数，将有用的代码保存起来以便随时重复使用。你还学会了使用 for 循环重复运行代码，而无须重复编写代码。之后构建更复杂的数学工具时，知道如何使用函数和循环来节省时间和避免错误将非常有用。

在下一章中，我们将在用于增减变量的基本算术运算符的基础上进行学习。你将进一步了解 Python 中的基本运算符和数据类型，以及如何使用它们来构建简单的计算工具。我们还将探索如何在列表中存储项目，并使用索引来访问列表项。

练习 1-6：新星出世

首先，编写一个 star() 函数来画一个这样的五角星：

接下来，编写名为 starSpiral() 的函数，画出下面这样的五角星螺旋：

第 2 章

用列表和循环把烦琐的算术变有趣

"你的意思是我明天还要去？"

——上完第一天学的 Aidan Farrell

提到数学，大多数人会想到做算术：加法、减法、乘法和除法。算术虽然用计算器和计算机做起来很简单，但仍然涉及很多重复性的任务。比如，要用计算器算 20 个数的和，你需要按 19 次加号键！

在本章，你将学习如何使用 Python 将算术烦琐的部分自动化。你将首先了解数学运算符和在 Python 中可以使用的不同数据类型，然后学习如何使用变量来存储和计算值。你还将学习如何使用列表和循环来重复代码。最后，你将把这些编程概念结合起来，编写自动为你执行复杂计算的函数。你会发现，Python 可以成为一个比你能买到的任何计算器都要强大得多的计算器——最棒的是，它是免费的！

2.1 基本运算符

在交互式的 Python shell 中做算术很简单：你只要输入表达式，然后在需要执行计算时按下 Enter 键即可。表 2-1 展示了一些最常用的数学运算符。

表 2-1　Python 中常用的数学运算符

运　算　符	语　　法
加法	+
减法	-
乘法	*
除法	/
乘方	**

打开你的 Python shell，参考代码清单 2-1 中的例子做一些基本的算术。

代码清单 2-1　试试一些基本的数学运算符

```
>>> 23 + 56   # 加法
79
>>> 45 * 89   # 乘法用星号
4005
>>> 46 / 13   # 除法用斜杠
3.5384615384615383
>>> 2 ** 4    # 2 的 4 次方
16
```

输出的就是运算结果。你可以使用空格（6 + 5）使代码更易读，也可以不用空格（6+5）。不过进行算术运算时，这对 Python 而言没有任何区别。

要记住，Python 2 中的除法有些棘手。比如，Python 2 看到 46/13 会认为你只关注整数，于是返回给你的结果也会是整数（3），而不是像代码清单 2-1 中一样的小数。因为你下载的是 Python 3，所以应该不会出现这个问题。不过我们后面将看到的图形包是用 Python 2 编写的，所以使用它的时候，必须确保在做除法时要求结果是小数。

2.1.1　变量运算

你也可以把运算符用在变量上。在第 1 章里，你学习了在定义函数时使用变量。和代数里的变量一样，编程中的变量能存储可复用的结果，让我们可以把长而复杂的计算分为几个阶段。代码清单 2-2 展示了如何使用变量来存储数并对其进行运算。

代码清单 2-2　将结果存储在变量中

```
>>> x = 5
>>> x = x + 2
>>> length = 12
>>> x + length
19
```

这里，我们把 5 赋给变量 x，然后让它的值增加 2，所以 x 变成了 7。然后把 12 赋给变量 length。当我们把 x 和 length 相加时，就是在做 7 + 12 这一加法运算，所以结果是 19。

2.1.2 用运算符编写函数 average( )

下面来练习使用运算符计算一系列数的平均值。你可能在数学课上学过，计算平均值时，要将所有数相加，再将所得之和除以数的个数。举个例子，要计算 10 和 20 的平均值，需要把 10 和 20 相加再除以 2，像这样：

$$(10 + 20) / 2 = 15$$

要计算 9、15 和 23 的平均值，需要把这三个数加起来再除以 3：

$$(9 + 15 + 23) / 3 = 47 / 3 \approx 15.67$$

这样徒手计算很麻烦，用代码计算则会很简单。我们新建一个名为 arithmetic.py 的 Python 文件，编写一个计算两个数平均值的函数。要使用这个函数，应该给它传递两个数作为参数。不用传递任何操作符，它就会打印出这两个数的平均值，像这样：

```
>>> average(10,20)
15.0
```

我们来试试吧。

2.1.3 注意运算顺序

我们的 average() 函数把两个数 a 和 b 转换成它们和的一半，然后用关键字 return 返回转换得到的值。下面是这个函数的代码：

arithmetic.py

```
def average(a,b):
    return a + b / 2
```

我们定义了一个名为 average() 的函数，它需要两个数 a 和 b 作为输入。我们编写的代码想要表示，该函数应该返回这两个数的和除以 2。然而当我们在 shell 里测试这个函数时，却得到了错误的输出：

```
>>> average(10,20)
20.0
```

这是因为我们编写函数时没有考虑**运算顺序**。你可能记得在数学课上学过，乘法和除法比加法和减法具有更高的运算优先级，所以我们的函数先执行了除法操作。它先把 b 除以 2，**然后**加上了 a。我们该怎么修改呢？

2.1.4 结合使用括号和运算符

我们需要用括号告诉 Python，在做除法前先把两个数相加：

```
def average(a,b):
    return (a + b) / 2
```

现在函数应该会先求 a 和 b 的和，再将和除以 2。下面是在 shell 中运行该函数的情况：

```
>>> average(10,20)
15.0
```

动手算一下，结果是对的！再用别的数试试 average() 函数吧。

2.2　Python 中的数据类型

在继续做算术之前，我们先来探索一些基本的 Python 数据类型。不同的数据类型有不同的功能，而且并不总能对所有数据类型执行相同的操作，所以了解每种数据类型的工作方式很重要。

2.2.1　整数和浮点数

两种常用的 Python 数据类型是整数和浮点数。**整数**（integer）是不包含小数部分的数。**浮点数**（float）是包含小数的数。可以用 float() 函数将整数转换成浮点数，也可以用 int() 函数将浮点数转换成整数，像这样：

```
>>> x = 3
>>> x
3
>>> y = float(x)
>>> y
3.0
>>> z = int(y)
>>> z
3
```

在本例中，x = 3 把 3 赋给变量 x。然后我们用 float(x) 将 x 转换成浮点数，并将结果（3.0）赋给变量 y。最后，我们将 y 转换成整数，并将结果（3）赋给变量 z。这个例子说明，浮点数和整数可以轻松地互相转换。

2.2.2　字符串

字符串（string）由一些有序的字母数字字符组成。它可以是一连串字母（比如一个单词），也可以是一系列数字。你可以用单引号（''）或双引号（""）引住字符来定义一个字符串，像这样：

```
>>> a = "hello"
>>> a + a
'hellohello'
>>> 4*a
'hellohellohellohello'
```

这里，我们把字符串 "hello" 保存在变量 a 中。将变量 a 和它自己相加，得到一个新的字符串 'hellohello'，也就是把两个 hello 合在了一起。记住，不能将字符串和数字类型（整数和浮点数）相加。如果你试图把整数 2 和字符串 "hello" 相加，会得到这样的错误信息：

```
>>> b = 2
>>> b
2
>>> d = "hello"
>>> b + d
Traceback (most recent call last):
  File "<pyshell#34>", line 1, in <module>
    b + d
TypeError: unsupported operand type(s) for +: 'int' and 'str'
```

然而，对于由数字组成的字符串（引在引号里的数），则可以把它和另一个字符串相加，像这样：

```
>>> b = '123'
>>> c = '4'
>>> b + c
'1234'
>>> 'hello' + ' 123'
'hello 123'
```

本例中的 '123' 和 '4' 都是由数字组成的字符串，并不属于数字类型。所以，将它们相加，会得到一个由它们组合起来的更长的字符串（'1234'）。你也可以将字符串 'hello' 和 '123' 相加，尽管它们分别是由字母和数字组成的。把两个字符串合并起来形成一个新的字符串，叫作**拼接**（concatenation）。

还可以用一个整数乘以一个字符串，让字符串重复多次，像这样：

```
>>> name = "Marcia"
>>> 3 * name
'MarciaMarciaMarcia'
```

但不能将字符串和另一个字符串相加减、相乘或相除。在 shell 中输入以下代码，看看会发生什么：

```
>>> noun = 'dog'
>>> verb = 'bark'
>>> noun * verb
```

```
Traceback (most recent call last):
  File "<pyshell#6>", line 1, in <module>
    noun * verb
TypeError: can't multiply sequence by non-int of type 'str'
```

可以看到，当你想把 'dog' 和 'bark' 相乘时，会得到一个错误，提示你不能将两个字符串类型相乘。

2.2.3 布尔类型

布尔类型（Boolean）只有真和假这两个值，不会有其他值。在 Python 中，布尔值（Boolean value）的首字母必须大写。布尔值通常用于比较两个东西的值，比较时可以使用大于号（>）和小于号（<），像这样：

```
>>> 3 > 2
True
```

因为 3 比 2 大，所以表达式返回 True。检查两个值是否相等要用双等号（==），因为一个等号表示将值赋给一个变量。下面是使用等号和双等号的例子：

```
>>> b = 5
>>> b == 5
True
>>> b == 6
False
```

我们首先用一个等号把 5 赋给变量 b，然后用双等号检查 b 是否等于 5，返回值是 True。

2.2.4 查看数据类型

你可以用 type() 函数查看某个变量的数据类型。Python 可以很方便地告诉你变量的值属于哪种数据类型。举个例子，把布尔值赋给一个变量：

```
>>> a = True
>>> type(a)
<class 'bool'>
```

将变量 a 传递给 type() 函数，Python 就会告诉你 a 中的值是布尔类型。

试试查看一个整数的数据类型：

```
>>> b = 2
>>> type(b)
<class 'int'>
```

下面这段代码验证 0.5 是不是一个浮点数：

```
>>> c = 0.5
>>> type(c)
<class 'float'>
```

下面这段代码证实了引号引起来的字母数字符号是一个字符串：

```
>>> name = "Steve"
>>> type(name)
<class 'str'>
```

现在，你了解了 Python 中不同的数据类型，以及如何查看某个值的数据类型。接下来，我们开始让简单的算术任务自动化吧。

2.3　用列表存储值

到目前为止，我们用变量存储了单个值。**列表**（list）则是一种可以容纳多个值的变量类型，在自动化重复性的任务时很有用。要在 Python 中声明一个列表，只需先给它取个名字，之后和声明其他变量一样接一个 = 命令，然后用方括号（[]）括住你想要的项，并用逗号将每个项隔开，像这样：

```
>>> a = [1,2,3]
>>> a
[1, 2, 3]
```

创建一个空列表通常很有用，这样可以在以后向其添加值，比如数、坐标和对象。为此，只要按正常方式创建列表，但不带任何值即可，如下所示：

```
>>> b = []
>>> b
[]
```

这行代码创建了一个名为 b 的空列表，你可以用不同的值填充它。下面来看看如何向列表添加内容。

2.3.1　向列表添加项

要向列表添加项，可以使用 append() 函数，如下所示：

```
>>> b.append(4)
>>> b
[4]
```

首先键入你要操作的列表的名称（b），后面接一个句点（.），然后使用 append()，并在括号内填入要添加的项。可以看到列表现在只包含数字 4。

也可以向非空列表添加项，像这样：

```
>>> b.append(5)
>>> b
[4, 5]
>>> b.append(True)
>>> b
[4, 5, True]
```

使用 append() 函数会将项附加到列表的末尾。可以看到，列表中的项不一定是数字。这里，我们将布尔值 True 附加到了包含数字 4 和 5 的列表末尾。

一个列表可以包含多种数据类型。例如，可以像下面这样向列表添加字符串：

```
>>> b.append("hello")
>>> b
[4, 5, True, 'hello']
```

要添加字符串，必须用单引号或双引号将其引起来。否则，Python 会试图添加一个可能不存在的名为 hello 的变量，从而导致错误或意外行为。现在你的列表 b 里有四个项了：两个数字，一个布尔值，一个字符串。

2.3.2 列表的运算

你可以对列表使用加法和乘法运算符，就像对字符串所做的那样。但是要将项添加到列表中，不能简单地用加号将其和列表相加，需要用附加函数将其附加到列表末尾。

例如，可以像这样用 + 运算符将两个列表相加：

```
>>> c = [7,True]
>>> d = [8,'Python']
>>> c + d  # 将两个列表相加
[7, True, 8, 'Python']
```

也可以用一个整数乘以一个列表，像这样：

```
>>> 2 * d  # 用一个整数乘以一个列表
[8, 'Python', 8, 'Python']
```

可以看到，将整数 2 乘以列表 d 会使原始列表中项数加倍。

但如果我们将数和列表用 + 运算符相加，会得到一个类型错误（TypeError）：

```
>>> d + 2  # 不能将一个列表和一个整数相加
Traceback (most recent call last):
  File "<pyshell#22>", line 1, in <module>
    d + 2
TypeError: can only concatenate list (not "int") to list
```

这是因为不能用加号将数和列表相加。虽然两个列表可以相加，一个项可以附加到一个列表末尾，一个列表可以乘以一个整数，但只能把列表拼接到另一个列表。

2.3.3 从列表中删除项

从列表中删除项十分简单：使用 remove() 函数，并将你要删除的项作为参数。确保参数的值和你想删除的值相同，否则 Python 会不知道要删除哪一项。

```
>>> b = [4,5,True,'hello']
>>> b.remove(5)
>>> b
[4, True, 'hello']
```

在本例中，b.remove(5) 将 5 从列表中删除。但请注意，其他项的顺序保持不变。这个性质在后面会很重要。

2.4 在循环中使用列表

在数学中，经常需要对多个数进行相同的操作。例如，某本代数书可能会定义一个函数，然后让你代入不同的数到函数里。你可以用 Python 完成这样的任务：将参数都存放在一个列表里，然后用你在第 1 章学到的 for 循环对列表中的每一项执行相同的操作。记住，反复执行某项操作被称为**迭代**（iterate）。对于之前程序中用到的语句 for i in range(10)，迭代器就是其中的变量 i。迭代器的名字不一定是 i，你可以给它取任何想要的名字，像下面这个例子所示：

```
>>> a = [12,"apple",True,0.25]
>>> for thing in a:
        print(thing)

12
apple
True
0.25
```

这里的迭代器叫作 thing，它将 print() 函数作用于列表 a 中的每一项。注意列表中的项是按照顺序被打印出来的，每项占了一行。要把所有项打印到同一行上，需要向 print() 函数添加一个参数 end 和一个空字符串，像这样：

```
>>> for thing in a:
        print(thing, end='')
12appleTrue0.25
```

这段代码将列表中的所有项打印到了同一行上，但所有值都挨在一起，很难区分。如前例所示，end 参数的默认值是换行符，你可以用任何字符和标点代替这个默认值，但必须用引号将其引起来。下面我们用逗号试试：

```
>>> a = [12,"apple",True,0.25]
>>> for thing in a:
        print(thing, end=',')
12,apple,True,0.25,
```

现在每项都用逗号隔开了，这样看起来就方便多了。

2.4.1　使用列表索引访问单个项

通过指定列表的名称，然后在方括号中输入元素的索引，可以引用该列表中的任何元素。索引（index）是一个项在列表中的位置编号。列表中第一个位置的索引是 0。索引让我们能够用一个有意义的名字存储一系列值，然后在程序中很方便地访问它们。在 IDLE 中尝试下面的代码，看看索引的实际运用：

```
>>> name_list = ['Abe','Bob','Chloe','Daphne']
>>> score_list = [55,63,72,54]
>>> print(name_list[0], score_list[0])
Abe 55
```

索引也可以是一个变量或迭代器，像下面这样：

```
>>> n = 2
>>> print(name_list[n], score_list[n+1])
Chloe 54
>>> for i in range(4):
        print(name_list[i], score_list[i])

Abe 55
Bob 63
Chloe 72
Daphne 54
```

2.4.2　用 enumerate( ) 函数获取索引和值

要同时获取列表中一个项的索引和值，可以使用一个很好用的函数 enumerate()。它的作用如下：

```
>>> name_list = ['Abe','Bob','Chloe','Daphne']
>>> for i, name in enumerate(name_list):
        print(name,"has index",i)

Abe has index 0
Bob has index 1
Chloe has index 2
Daphne has index 3
```

这里，name 是列表中项的值，i 是项的索引。对于 enumerate()，要记住的重要一点是，索引在值之前。之后你还会看到这个函数，我们将把对象放进列表，然后用该函数访问对象并获取它在列表中的位置。

2.4.3　索引从 0 开始

在第 1 章，你学到了用 range(n) 函数生成一个从 0 到 n 但不包括 n 的数字序列。与之类似，列表的索引从 0 开始，而不是从 1 开始。因此，第一个元素的索引是 0。试试下面的代码，看看索引的作用：

```
>>> b = [4,True,'hello']
>>> b[0]
4
>>> b[2]
'hello'
```

这里，我们创建了一个名为 b 的列表，然后让 Python 展示其中索引为 0 的项，也就是第一个项。因此我们得到了 4。当我们想要 b 中位置 2 上的项时，会得到 'hello'。

2.4.4　访问一系列列表项

你可以在方括号内使用范围语法（:）访问列表中的一系列元素。例如，要返回一个列表从第二项到第六项的所有内容，可以用下面的语法：

```
>>> myList = [1,2,3,4,5,6,7]
>>> myList[1:6]
[2, 3, 4, 5, 6]
```

很重要的一点是，1:6 的范围语法指定的范围**包括**第一个索引 1，但**不包括**最后一个索引 6。这意味着范围 1:6 实际上会给我们索引为 1 到 5 的项。

如果不指定范围的结束索引，Python 会默认它是列表长度。这种情况下，会返回从指定的第一个索引到列表结尾的所有项。例如，你可以用下面的语法访问列表 b 中从第二个（索引 1）到末尾的所有项：

```
>>> b[1:]
[True, 'hello']
```

如果不指定起始索引，Python 会默认范围从列表的第一项开始，而且不会包括结束索引指定的项，如下所示：

```
>>> b[:1]
[4]
```

在本例中，b[:1] 包含第一项（索引为 0），但不包含索引为 1 的项。很有用的一点是，即使你不知道列表的长度，也可以通过将负数作为索引来访问列表的最后几项。访问倒数第一项要用 -1 作索引，访问倒数第二项要用 -2，像这样：

```
>>> b[-1]
'hello'
>>> b[-2]
True
```

当你使用其他人创建的列表或使用非常长的列表（很难掌握所有索引）时，这会非常有用。

2.4.5　查找某项的索引

如果你知道列表中存在某个值但不知道它的索引，那么可以给出列表的名字，后面接 index 函数，然后将要查找的值作为参数放在括号里，从而找到项的位置。在 shell 中创建列表 c，并尝试以下代码：

```
>>> c = [1,2,3,'hello']
>>> c.index(1)
0
>>> c.index('hello')
3
>>> c.index(4)
Traceback (most recent call last):
  File "<pyshell#85>", line 1, in <module>
    b.index(4)
ValueError: 4 is not in list
```

可以看到，查找值为 1 的项返回索引 0，因为它是列表的第一项。查找 'hello' 会返回索引 3。然而，最后一次查找导致了一个错误。错误信息的最后一行告诉你，产生错误的原因是我们要找的值 4 不在列表中，因此 Python 无法给出它的索引。

要检查一个值是否存在于一个列表中，可以使用关键字 in，像这样：

```
>>> c = [1,2,3,'hello']
>>> 4 in c
```

```
False
>>> 3 in c
True
```

如果列表中存在那个项的值，Python 会返回 True，否则返回 False。

2.4.6　字符串也有索引

你学到的所有关于列表索引的知识也适用于字符串。字符串也有一个长度属性，而且其中的所有字符也都有索引。在 shell 中输入以下内容，看看字符串索引的作用：

```
>>> d = 'Python'
>>> len(d)  # 'Python' 里有几个字符?
6
>>> d[0]
'P'
>>> d[1]
'y'
>>> d[-1]
'n'
>>> d[2:]
'thon'
>>> d[:5]
'Pytho'
>>> d[1:4]
'yth'
```

可以看到，字符串 'Python' 由 6 个字符组成。每个字符都有一个索引，可以使用访问列表元素的语法访问字符串中的元素。

2.5　求和

当你使用循环将许多数相加时，求出每次循环后的总和会很有用。这样计算运行总和是一个重要的数学概念，叫作**求和**（summation）。

在数学课上，你会经常见到和式与大写的 Σ 相关联，其中的 Σ 是与 S（表示和，sum）对应的希腊字母。和式的记号如下所示：

$$\sum_{i=1}^{100} n$$

这个记号的意思是，用 i 的最小值（位于 Σ 下方）到最大值（位于 Σ 上方）代替 n。和 Python 里的 range(n) 不同，求和记号包括最后一个值。

2.5.1　创建 running_sum 变量

要用 Python 写一个求和的程序，我们可以创建一个名为 running_sum（即运行总和，sum 这个名字被 Python 的一个内置函数占用了）的变量。将它的初值设为 0，然后每添加一个值就使变量 running_sum 递增。我们再次用 += 记号实现递增。在 shell 中输入如下例子：

```
>>> running_sum = 0
>>> running_sum += 3
>>> running_sum
3
>>> running_sum += 5
>>> running_sum
8
```

你学过如何将 += 命令作为捷径使用：running_sum += 3 相当于 running_sum = running_sum + 3。我们使其递增几次试试效果。向 arithmetic.py 程序中添加以下代码：

arithmetic.py

```
  running_sum = 0
❶ for i in range(10):
❷     running_sum += 3
  print(running_sum)
```

首先创建一个初值为 0 的 running_sum 变量，然后用 range(10) 使 for 循环运行 10 次（见 ❶）。循环中缩进的代码会在每轮循环中使 running_sum 的值增加 3（见 ❷）。循环运行 10 次后，Python 跳转到代码的最后一行，也就是 print 语句，打印出 10 次循环后 running_sum 的值。

你可能已经算出结果是多少了，下面是输出：

```
30
```

换句话说，10 乘以 3 结果是 30，输出是对的！

2.5.2　编写 mySum() 函数

让我们将之前的求和程序扩展为一个 mySum() 函数，它以一个整数作为参数，返回从 1 到参数的所有整数之和：

```
>>> mySum(10)
55
```

首先声明一个运行总和变量，然后在循环中使其递增：

```
def mySum(num):
    running_sum = 0
    for i in range(1,num+1):
        running_sum += i
    return running_sum
```

要定义 mySum() 函数，我们让运行总和从 0 开始。然后为 i 设置一个从 1 到 num 的范围。记住 range(1,num) 不会包含 num！然后在每轮循环中将 i 的值加到运行总和上。循环结束后，函数应该会返回运行总和的值。

在 shell 中用一个稍大的参数运行这个函数。它应该瞬间就能返回从 1 到那个参数的所有整数之和：

```
>>> mySum(100)
5050
```

多么方便啊！要解决下面这个较难的求和问题，只要将迭代器的范围改成从 0 到 20（包括 20），然后使运行总和在每轮循环中增加 i 的平方加 1：

```
def mySum2(num):
    running_sum = 0
    for i in range(num+1):
        running_sum += i**2 + 1
    return running_sum
```

我改写了循环，让迭代器从 0 开始，正如求和记号所示。

$$\sum_{i=0}^{20} n^2 + 1$$

以 20 为参数运行这个函数，得到如下结果：

```
>>> mySum2(20)
2891
```

练习 2-1：求和

求 1 到 100 的所有整数之和。从 1 到 1000 呢？看出规律了吗？

2.6　求一列数的平均值

现在你掌握了一些新技能，可以改进一下平均值函数了。我们可以编写一个以列表作为参数的函数，以便求得任一数字列表的平均值，而且不需要指定有多少个数。

在数学课上，你学习过如何求许多数的平均值：将它们的和除以数的个数。在 Python 里，你可以用 sum() 函数求得一个列表中所有数的和，像这样：

```
>>> sum([8,11,15])
34
```

现在，我们只需要找出列表中有多少个数就行了。在本章开头的 average() 函数里，我们知道只有两个数。但如果有更多数呢？幸好，可以用 len() 函数计算列表中项的数量。下面是一个例子：

```
>>> len([8,11,15])
3
```

可以看到，只需要键入函数，然后将列表作为参数传递给它。这意味着我们可以使用 sum() 和 len() 函数得到列表中元素的和以及数量，然后用和除以数量从而得到列表中元素的平均值。使用这些内置函数，我们可以编写一个简明的平均值函数，它应该是这样的：

arithmetic.py

```
def average3(numList):
    return sum(numList)/len(numList)
```

在 shell 中调用这个函数，应该会得到如下结果：

```
>>> average3([8,11,15])
11.333333333333334
```

这个版本的平均值函数的优点是，既适用于短列表，也适用于长列表！

练习 2-2：求平均值

求下面这个列表中元素的平均值：

```
d = [53, 28, 54, 84, 65, 60, 22, 93, 62, 27, 16, 25, 74, 42, 4, 42, 15, 96,
11, 70, 83, 97, 75]
```

2.7 小结

在本章中，你了解了整数、浮点数和布尔类型等数据类型；学习了创建列表，向列表添加元素，从列表中删除元素，以及用索引访问特定的项；还知道了如何使用循环、列表和变量解决算术问题，例如计算一组数的平均值以及计算运行总和。

在下一章，你将学习条件语句。这是另一个重要的编程概念，学了它你才能攻克本书的剩余部分。

第 **3** 章

用条件语句检验猜测

"趁热把面团放进烤炉里，不过要先确认那是面团。"

——Idries Shah, *Learning How to Learn*

在你学习本书时写下的几乎每个程序里，你都会指导计算机做决定。你可以用一个重要的编程工具做到这一点，它叫作**条件语句**（conditional statement）。在编程时，我们可以用像"如果这个变量大于 100，就这样做，否则那样做"这样的条件语句检查某些条件是否满足，然后根据结果决定要做什么。事实上，这是一种处理大规模问题的强有力的方法，甚至在机器学习中占有核心地位。程序会在最基础的层面上做出猜测，然后根据反馈修正猜测。

在本章中，你将学习如何在 Python 中使用"猜测检验法"（guess-and-check method），读取用户输入并根据输入使程序产生相应的输出。然后使用条件语句比较不同数学环境下的不同数值，使小海龟在屏幕上随机爬动。你还将制作一个猜数游戏，并运用相同的逻辑计算大数的平方根。

3.1 比较运算符

你在第 2 章中学过，True 和 False（在 Python 中要大写首字母）被称作布尔值。Python 比较两个值时会返回布尔值，而你可以用这个结果决定下一步做什么。举个例子，可以用像大于（>）

和小于（<）这样的比较运算符来比较两个值，像这样：

```
>>> 6 > 5
True
>>> 6 > 7
False
```

我们问 Python，6 是不是比 5 大，Python 返回了 True。然后我们问 6 是不是比 7 大，Python 回答 False。

回想一下，在 Python 中，我们用一个等号给变量赋值。检查相等性则需要双等号（ == ），像这样：

```
>>> 6 = 6
SyntaxError: can't assign to literal
>>> 6 == 6
True
```

如你所见，当试着只用一个等号检查两个数是否相等时，我们得到了一个语法错误。也可以用比较运算符比较变量：

```
>>> y = 3
>>> x = 4
>>> y > x
False
>>> y < 10
True
```

我们把 y 设为 3，把 x 设为 4。然后问变量 y 是否大于 x，Python 返回了 False。接着问变量 y 是否小于 10，Python 返回 True。这就是 Python 进行比较的方式。

3.2　用 if 和 else 语句做决定

你可以用 if 和 else 语句让程序决定运行哪些代码。比如，如果你设定的条件为 True，程序会运行一组代码；如果条件为 False，你可以让程序做别的事情，甚至什么也不做。下面是一个例子：

```
>>> y = 7
>>> if y > 5:
        print("yes!")

yes!
```

这里，我们把 7 赋给 y。如果 y 的值大于 5，打印 yes!，否则什么也不做。

也可以用 else 和 elif 让程序运行别的代码。因为要编写长一些的代码，所以新建一个

Python 文件并将其保存为 conditionals.py。

```
y = 6
if y > 7:
    print("yes!")
else:
    print("no!")
```

这个例子是说，如果 y 的值大于 7，打印 yes!，否则打印 no!。运行此程序，它将打印 no!，因为 6 不大于 7。

你可以用 elif（else if 的缩写）添加更多选项，而且可以使用任意多的 elif 语句。下面是一个包含三条 elif 语句的示例程序：

```
age = 50
if age < 10:
    print("What school do you go to?")
elif 11 < age < 20:
    print("You're cool!")
elif 20 <= age < 30:
    print("What job do you have?")
elif 30 <= age < 40:
    print("Are you married?")
else:
    print("Wow, you're old!")
```

这个程序根据 age 的值所在的区间运行不同的代码。注意，你可以使用 <= 表示"小于或等于"，也可以使用复合不等式，像 if 11 < age < 20 表示"如果年龄在 11 和 20 之间"。当 age = 50 时，程序的输出为如下字符串：

```
Wow, you're old!
```

让程序根据你定义的条件快速、自动地做出决策，是编程的一个重要方面。

3.3 使用条件语句求因数

现在，让我们用目前所学来分解一个数！**因数**（factor）是一个可以整除其他数的数。比如，5 是 10 的因数，因为 5 可以整除 10（或者说 10 可以被 5 整除）。在数学课上，我们能用因数做很多事，比如寻找公分母，以及判断一个数是否是质数。但手动求因数是一项烦琐的任务，需要大量试错（trail and error），尤其是在处理较大的数时。我们来看看如何用 Python 自动分解因数。

在 Python 中，可以用取模运算符（%）计算两个数相除的余数。例如，如果 a % b 等于 0，意味着 b 可以整除 a。下面是一个取模运算的例子：

```
>>> 20 % 3
2
```

由此可见，当你将 20 除以 3 时，得到的余数是 2，也就是说 3 不是 20 的因数。来试试 5：

```
>>> 20 % 5
0
```

余数是 0，所以我们知道 5 是 20 的一个因数。

3.3.1 编写 factors.py 程序

我们来用取模运算符写一个函数，以一个数为参数，返回这个数的因数列表。我们要做的不是把因数打印出来，而是将它们放到一个列表里，以便在后续的函数中使用。编写这个程序之前，最好先计划一下。程序 factors.py 包括以下步骤：

(1) 定义函数 factors，它以一个整数作为参数；
(2) 创建一个空的因数列表，之后会向其中添加因数；
(3) 循环遍历从 1 到给定参数的所有整数；
(4) 在循环过程中，如果某个数可以将参数整除，则将其添加到因数列表中；
(5) 在函数末尾返回因数列表。

代码清单 3-1 展示了 factors() 函数。在 IDLE 中，将这段代码输入一个新建的文件，并将文件保存为 factors.py。

代码清单 3-1 编写 factors.py 程序

```
def factors(num):
    ''' 返回一个由 num 的因数组成的列表 '''
    factorList = []
    for i in range(1,num+1):
        if num % i == 0:
            factorList.append(i)
    return factorList
```

我们首先创建了一个名为 factorList 的空列表，之后每找到一个因数就将其添加到这个列表中。然后开启循环，循环变量从 1 开始（不能将 0 作为除数）并在 num + 1 之前结束，所以循环变量的取值会包括 num。在循环中，我们让程序做出决策：如果 num 可以被循环变量当前的值整除（即取模运算的结果为 0），则将 i 附加到因数列表末尾。最后，将因数列表返回。

现在按 F5 键或点击 Run ▸ Run Module，运行 factors.py，如图 3-1 所示。

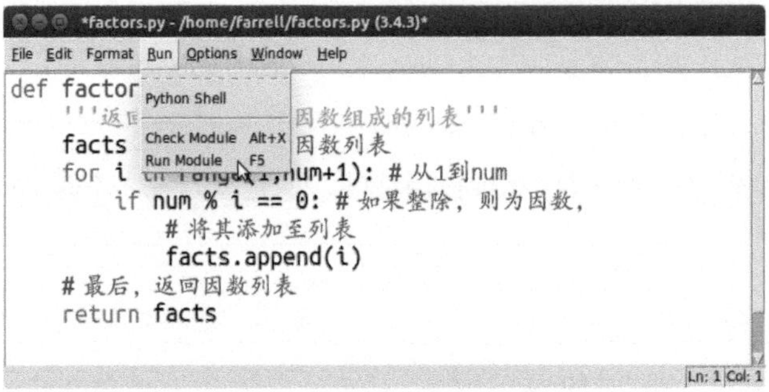

图 3-1　运行 factors.py 模块

模块开始运行后，你就可以在普通的 IDLE 终端里调用 factors 函数了。将需要分解的整数传递给它，像这样：

```
>>> factors(120)
[1, 2, 3, 4, 5, 6, 8, 10, 12, 15, 20, 24, 30, 40, 60, 120]
```

这样就得到了 120 的所有因数！这比手动试错简单快捷多了。

练习 3-1：求公因数

运用 factors() 函数，可以方便地求出两个整数的最大公因数（greatest common factor, GCF）。编写一个像下面这样的函数，返回两个整数的最大公因数：

```
>>> gcf(150,138)
6
```

3.3.2　海龟漫步

你学会了如何让程序自动进行决策，下面来探索如何让程序无限运行吧！首先让小海龟在屏幕上四处爬，并使用条件语句让它在到达边界时调整方向。

小海龟所在的窗口是一个经典的 x-y 网格，x 轴和 y 轴默认从 –300 延伸到 300。我们将海龟的活动范围限制在一个在 x 轴和 y 轴上都是从 –200 到 200 的正方形内，如图 3-2 所示。

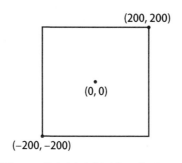

图 3-2　海龟活动范围的正方形边界

在 IDLE 中新建一个 Python 文件，将其保存为 wander.py。我们先来导入 turtle 模块，输入以下代码：

```
from turtle import *
from random import randint
```

注意，还需要从 random 模块导入用来生成随机数的 randint 函数。

1. 编写 wander.py 函数

现在我们来创建一个使海龟在屏幕上漫步的、名为 wander 的函数，如代码清单 3-2 所示。为此，我们使用 Python 的无限循环 while True，该循环的条件永远为真。这会使海龟不停地到处爬。要让它停下，可以关闭 turtle 图形窗口。

代码清单 3-2　编写程序 wander.py

```
speed(0)

def wander():
    while True:
        fd(3)
        if xcor() >= 200 or xcor() <= -200 or ycor()<= -200 or ycor() >= 200:
            lt(randint(90,180))

wander()
```

首先，我们将海龟的速度设为 0，也就是最快速度，然后定义 wander() 函数。我们在函数内使用无限循环，让 while True 中的内容永远执行下去。在海龟前进三步（3 像素）之后，用一个条件语句评估它的位置。可以用 xcor() 函数和 ycor() 函数分别获取海龟的 x 坐标和 y 坐标。

我们用 if 语句告诉程序，如果任何一个条件为真（海龟位于限定的区域之外），就让海龟向左转一个 90 度到 180 度的随机角度，以防它永远离开这片区域。如果海龟在正方形内，则条件为假，不会运行任何代码。无论条件是真还是假，程序都会回到 while True 循环的开始，再次运行 fd(3)。

2. 运行 wander.py 程序

运行程序 wander.py，你应该看到如图 3-3 所示的痕迹。

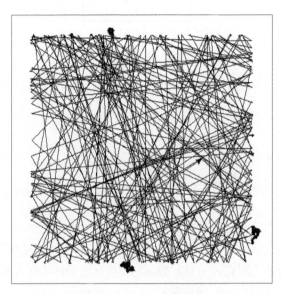

图 3-3　wander.py 的输出

可以看到，在海龟的 x 坐标到达 200 之前，它都沿直线前进。（海龟开始总是向右也就是 x 轴正方向前进。）到达边界后，它向左转一个随机的角度，大小在 90 度到 180 度，然后继续直行。有时海龟会在边界线外爬，因为它在转向后仍面朝着屏幕外的方向。你会看到它在每轮循环中都转向，试图回到正方形区域。这导致出现了图 3-3 中正方形外的几小片墨迹。

3.4　制作一个猜数游戏

你成功用条件语句创造了一只似乎在自己做决定的海龟！下面我们来用条件语句写一个像是拥有自我意识的交互式猜数程序。在这个游戏中，我出一个 1 到 100 的整数，你来猜这个数是多少。你觉得要猜几次才能猜对？为了帮你缩小猜测的范围，每次猜错后我都会告诉你应该再猜大一点儿还是小一点儿。幸运的是，我们可以使用在第 2 章中编写的 average 函数让这项任务变得极其简单。

每当你猜错一次，你的下一次猜测应该取决于这次猜得太大还是太小。比如，如果你猜小了，下次猜测应该是这次猜测和可猜最大值的中间值；如果你猜大了，下次猜测应该是这次猜测和可猜最小值的中间值。

这听起来像是在计算两个数的平均值，而我们刚好有计算平均值的函数 average！我们将用它编写 numberGame.py 程序，它通过每次将可能的数值范围缩小一半来做出智能的猜测。你会惊讶地发现，原来这么快就能猜对答案。

让我们一步步来，从制作随机数生成器开始。

3.4.1　制作一个随机数生成器

首先，我们让计算机随机选择一个 1 到 100 的整数。在 IDLE 中新建一个文件，将其保存为 numberGame.py。然后输入代码清单 3-3 所示的代码。

代码清单 3-3　编写 numberGame() 函数（numberGame.py）

```
from random import randint

def numberGame():
    # 随机选择一个 1 到 100 的数
    number = randint(1,100)
```

这里，我们导入了 random 模块，然后用 randint() 函数将一个随机整数赋给一个变量。我们创建 number 变量来保存一个 1 到 100 的随机整数，每次调用 numberGame() 函数都会生成这样一个变量。

3.4.2　读取用户输入

现在，程序需要向用户请求输入，这样就可以开始猜数了！下面是一个例子，你可以在交互式 shell 中输入它，看看 input() 函数是怎样运行的：

```
>>> name = input("What's your name? ")
What's your name?
```

程序在 shell 中打印文本 What's your name?，请求用户输入名字。用户输入后按下 Enter 键，程序会将该输入保存起来。

我们可以检查 Python 是否将用户的输入保存在了变量 name 中，像这样：

```
What's your name? Peter
>>> print(name)
Peter
```

当我们要求程序打印 name 时，程序打印出了保存在该变量中的用户输入（在此例中是 Peter）。

我们可以定义一个名为 greet() 的函数，稍后将在程序中用到：

```
def greet():
    name = input("What's your name? ")
    print("Hello, ",name)

greet()
```

输出将如下所示：

```
>>>
What's your name? Al
Hello, Al
>>>
```

试着写一个简短的程序，以用户的名字作为输入。如果输入是 Peter，就打印 That's my name too!，否则只打印 Hello 加输入的名字。

3.4.3　将用户输入转换成整数

现在你知道了如何使用用户输入的文本，不过猜数游戏还需要接收输入的数。在第 2 章中，你学习了基本的数据类型，如整数和浮点数，可以用来做数学运算。在 Python 中，所有的用户输入都以**字符串**的形式被接收。这意味着，如果我们想要数字输入，就需要将输入转换成整数类型，这样才能将输入的数据用在数学运算中。

要将输入的字符串转换成整数，可以将输入传递给 int() 函数，像这样：

```
print("I'm thinking of a number between 1 and 100.")
guess = int(input("What's your guess? "))
```

现在，无论用户输入了什么，都将被转换成 Python 可以运算的整数。

3.4.4　用条件语句检查猜测是否正确

现在 numberGame.py 程序需要检查用户猜测的数是否正确。如果正确，我们会宣布猜对了，然后游戏结束。否则，要告诉用户应该再猜大一点儿还是小一点儿。

我们用 if 语句来比较输入的数和 number 的值，然后用 elif 和 else 决定在每种情况下要做什么。修改 numberGame.py 中现有的代码，使其如代码清单 3-4 所示：

代码清单 3-4　检查输入是否正确（numberGame.py）
```
from random import randint

def numberGame():
    # 随机选择一个 1 到 100 的数
    number = randint(1,100)
```

```
    print("I'm thinking of a number between 1 and 100.")
    guess = int(input("What's your guess? "))

    if number == guess:
        print("That's correct! The number was", number)
    elif number > guess:
        print("Nope. Higher.")
    else:
        print("Nope. Lower.")

numberGame()
```

如果 number 中保存的随机数和 guess 中保存的输入相等，就告诉用户猜测正确，然后打印出那个随机数。否则，告诉用户需要再猜大一点儿还是小一点儿：如果猜的数比随机数小，就告诉用户猜大一点儿；如果比随机数大，就告诉他们猜小一点。

目前程序的输出如下所示：

```
I'm thinking of a number between 1 and 100.
What's your guess? 50
Nope. Higher.
```

挺好的，但是目前程序到这里就停下了，不会让用户多次猜测。我们可以用一个循环来解决这个问题。

3.4.5 用循环给予更多猜测机会

为了让用户能够进行多次猜测，我们可以引入一个循环，这样程序会不断要求用户猜测，直到猜中为止。我们使用 while 循环，循环会一直持续到 guess 和 number 的值相等，然后程序会打印一条猜测正确的消息并退出循环。将代码更新为如代码清单 3-5 所示。

代码清单 3-5　用一个循环让用户再次猜测（numberGame.py）

```
from random import randint

def numberGame():
    # 随机选择一个 1 到 100 的数
    number = randint(1,100)

    print("I'm thinking of a number between 1 and 100.")
    guess = int(input("What's your guess? "))

    while guess:
        if number == guess:
            print("That's correct! The number was", number)
            break
        elif number > guess:
            print("Nope. Higher.")
        else:
```

```
        print("Nope. Lower.")
    guess = int(input("What's your guess? "))

numberGame()
```

在本例中，while guess 表示"每当变量 guess 包含一个值时"。在循环中，我们首先检查生成的随机数是否和猜测的数相等。如果相等，程序打印出猜测正确的消息并退出循环。如果随机数比猜测值大，程序提示用户再猜大一点儿。否则，程序打印用户需要猜小一点儿的消息。然后程序接收下一个猜测的数，循环重新开始。这样用户可以一直猜直到猜对为止。最后，在定义完函数之后，我们写下 numberGame() 来调用这个函数，这样程序就可以运行了。

3.4.6　猜数小提示

保存 numberGame.py 程序，然后运行它。每次猜错时，你猜的下一个数应该刚好处于这次猜测和可猜极值的中间。比如，如果你先猜 50，程序告诉你要猜大一点儿，那么你下次猜的数应该是 50 和可猜最大值 100 的中间值，所以你应该猜 75。

这是找到正确答案的最快方法，因为不管猜大还是猜小了，每次都能排除一半可能的数。我们来看看猜一个 1 到 100 的整数要几次才能猜对。图 3-4 展示了一个例子。

```
I'm thinking of a number between 1 and 100.
What's your guess? 50
Nope. Lower.
What's your guess? 25
Nope. Lower.
What's your guess? 12
Nope. Lower.
What's your guess? 6
Nope. Higher.
What's your guess? 9
Nope. Higher.
What's your guess? 10
That's correct! The number was 10
>>>
```

图 3-4　猜数游戏的输出

在这个例子中，我们猜了 6 次。

下面来看看将 100 反复减半直到小于 1 需要几次：

```
>>> 100*0.5
50.0
>>> 50*0.5
25.0
>>> 25*0.5
12.5
```

```
>>> 12.5*0.5
6.25
>>> 6.25*0.5
3.125
>>> 3.125*0.5
1.5625
>>> 1.5625*0.5
0.78125
```

减半 7 次后，值会小于 1，所以猜一个 1 到 100 的整数平均需要 6 到 7 次猜测。这是因为每次猜测后都会将范围内的数排除一半。这个策略似乎只在猜数游戏里有用，但其实还可以用它精确地求出一个数的平方根，我们接下来要做的就是这个。

3.5 计算平方根

你可以用猜数游戏中的策略来求平方根的近似值。如你所知，有些平方根是整数（比如 100 的平方根就是 10）。但在更多情况下，平方根是**无理数**（irrational number），也就是无限不循环小数。在坐标几何中，这样的平方根在你需要求多项式的根时经常出现。

那么我们怎样才能把猜数策略用到求平方根上呢？你可以简单地用平均法计算平方根，并精确到小数点后八九位。实际上，你的计算器或计算机使用的正是一种像猜数策略这样的迭代方法，可以计算平方根并使其精确到小数点后 10 位！

3.5.1 套用猜数游戏的逻辑

打个比方，你想求 60 的平方根。首先将答案限定在一个范围内，就像在猜数游戏中那样。你知道 7 的平方是 49，8 的平方是 64，所以 60 的平方根应该在 7 和 8 之间。用 average() 函数可以算出 7 和 8 的平均值是 7.5，所以 7.5 就是你猜的第一个数。

```
>>> average(7,8)
7.5
```

要验证 7.5 是否正确，可以看看它的平方是不是等于 60：

```
>>> 7.5**2
56.25
```

可以看到，7.5 的平方是 56.25。如果这是猜数游戏，我们会被程序告知应该再猜大一点儿，因为 56.25 小于 60。

因为还要猜大一点儿，我们知道 60 的平方根一定在 7.5 和 8 之间，所以求这两个数的平均值，并将结果作为新的猜测，像这样：

```
>>> average(7.5, 8)
7.75
```

现在检查 7.75 的平方是否等于 60：

```
>>> 7.75**2
60.0625
```

太大了！所以答案应该在 7.5 和 7.75 之间。

3.5.2 编写 squareRoot() 函数

我们可以用代码清单 3-6 中的代码将上述过程自动化。新建一个 Python 文件，并将其命名为 squareRoot.py。

代码清单 3-6　编写 squareRoot() 函数（squareRoot.py）

```
def average(a,b):
    return (a + b)/2

def squareRoot(num,low,high):
    ''' 采用猜数游戏策略，通过在从 low 到 high 的范围内猜测，寻找 num 的平方根 '''
    for i in range(20):
        guess = average(low,high)
        if guess**2 == num:
            print(guess)
        elif guess**2 > num: # "猜小一点儿。"
            high = guess
        else: # "猜大一点儿。"
            low = guess
    print(guess)

squareRoot(60,7,8)
```

这里，squareRoot() 函数接收三个参数：num（待求平方根的数）、low（num 平方根的最小可能值）和 high（num 平方根的最大可能值）。如果你所猜数的平方等于 num，我们就将它打印出来并退出循环。这种情况对整数来说是可能的，但对无理数来说是不可能的。记住，无理数是永无止境的！

接下来，程序检查你猜测的数的平方是否大于 num。如果大于，你就应该再猜小一点儿。我们把 high 的值替换成猜测的数，从而将平方根的范围缩小为从 low 到猜测的数。剩下的另一种可能情况是，猜测的数过小。此时，我们把 low 的值替换成猜测的数，从而将平方根的范围缩小为从猜测的数到 high。

函数重复执行这一过程，我们想让它重复几次都可以（在本例中是 20 次），然后打印出平方根的近似值。时刻牢记，不管小数有多少位，都只能近似地表示一个无理数。不过我们还是可以得到较为精确的近似值！

在最后一行，我们调用 squareRoot() 函数，传递给它需要求平方根的数，以及平方根所在范围的最大值和最小值。输出看起来应该像下面这样：

```
7.745966911315918
```

可以求该结果的平方，看看这个近似值有多精确：

```
>>> 7.745966911315918**2
60.00000339120106
```

相当接近 60 了！是不是很意外，我们只是做做猜测、求求平均值，就可以这样精确地算出一个无理数的近似值？

练习 3-2：求平方根

求以下整数的平方根：

- ❏ 200
- ❏ 1000
- ❏ 50 000（提示：答案肯定在 1 和 500 之间，是吧？）

3.6　小结

在本章中，你学习了一些方便的工具，像算术运算符、列表、输入、布尔类型，以及一个叫作条件语句的关键编程概念。让计算机为我们自动地、即时地、反复地对值进行比较并做出决策，是一个极其强大的想法。每种编程语言都有这样做的方法。在 Python 中，我们可以用 if、elif 和 else 语句。正如你将在本书后面看到的那样，你将基于这些工具完成更艰巨的任务来探索数学。

在下一章中，你将练习使用到目前为止所学的工具，快速、有效地解决代数问题。你将使用猜数策略求解具有多个解的复杂代数方程！你还将编写一个绘图程序，以便更好地估计方程的解，让你的数学探索之旅更加直观！

第二部分

奔向数学领域

第 **4** 章

用代数学变换和存储数

"数学可以说是这样一门学科——我们永远都不知道我们在
说什么，也不知道我们所说的哪些是真的。"

——伯特兰·罗素

如果你在学校学过代数，应该熟悉用字母代替数的思路。比如，
你可以写 $2x$，其中 x 是一个占位符，可以表示任何数。这样，$2x$ 就
表示用 2 乘以一个未知数。因此在数学课上，变量就成了"神秘数字"，
你要做的就是找出这些字母代表的数。图 4-1 是某个"厚脸皮"的同学对
"Find x" 这一问题的解答（Find x，即求 x 的值）。

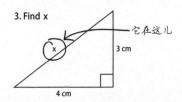

图 4-1 指出变量 x 的位置而不是求它的值

可以看到，这个同学在图中指出了变量 x 的位置，而不是**求解**它的值。代数课里教的都是
怎样求解 $2x + 5 = 13$ 这样的方程。在此语境下，"求解"的意思是计算出一个数，使得把 x 替换
成那个数时等式成立。你可以通过平衡等式的两边来解决代数问题，而这需要你记住许多必须
遵循的规则。

这样将字母作为占位符就像在 Python 中使用变量一样。实际上，你已经在之前的章节中学过如何用变量存储数值并进行计算。数学学习者最应该学的一项技能不是求解变量，而是使用变量。说实话，手动解方程的价值有限。在本章中，你将使用变量编写程序，在不使用平衡法的情况下快速、自动地求出未知数的值。你还将学习使用一个名为 Processing 的编程环境来绘制函数图像，以助你直观地探索代数。

4.1 解一次方程

通过编程解 $2x + 5 = 13$ 这样的简单方程的一种方法是**蛮力法**（brute force，也就是代入随机的值直到找到使等式成立的那个）。对于这个方程而言，我们需要找到一个数 x，将其乘以 2 再加 5 会得到 13。根据我们的知识和经验，猜测 x 应该是一个 −100 到 100 的值，因为在我们要解的这个方程中，已知的数都只有一两位。

这意味着我们可以编写一个程序，将 −100 到 100 的整数一个个代入等式左边，检查结果是否和右边相等，并打印出使等式成立的那个整数。在 IDLE 中新建一个文件并将其保存为 plug.py，输入代码清单 4-1 所示的代码，看看这个程序是怎样工作的。

代码清单 4-1 蛮力法的程序，代入数看看哪个使等式成立

```
def plug():
❶ x = -100  # 从 -100 开始
   while x < 100:  # 一直到 100
❷     if 2*x + 5 == 13:  # 如果使等式成立
          print("x =",x)  # 就打印出来
❸     x += 1  # 给 x 加 1 以便测试下一个数

plug()  # 运行 plug 函数
```

这里我们定义了 plug() 函数，将变量 x 初始化为 -100（见 ❶）。下一行开始一个 while 循环，它会重复直到 x 等于 100，也就是我们所设范围的上限。然后将 x 乘以 2 再加 5（见 ❷）。如果输出等于 13，就找到了解，让程序将这个值打印出来。如果输出不等于 13，就让程序继续向下执行。

之后将 x 递增 1 得到下一个值（见 ❸），循环重新开始，程序测试下一个值。我们继续循环直到找到一个解。[①] 确保你的程序包含代码清单 4-1 中的最后一行，它让程序运行我们定义的plug() 函数。如果不加上这最后一行，你的程序将不会执行任何操作！输出应该是这样的：

```
x = 4
```

用"猜测检验法"解决这个问题确实可行。手动代入所有的数会很费劲，但用 Python 就很轻松了！如果你觉得解可能不是整数，就需要将递增量改为某个小数，将 ❸ 处的那行改为 x +=0.25 或其他小数。

---

① 这里找到解后，循环其实仍会继续。——译者注

4.1.1　一次方程的解法公式

解 $2x + 5 = 13$ 的另一种方法是为这类方程的解法找一个通用的公式，然后就可以根据这个公式写一个 Python 程序了。你可能记得数学老师讲过，$2x + 5 = 13$ 是一个**一次方程**（first-degree equation），因为方程中变量的最高指数是 1。你可能还知道一个数的一次方等于这个数本身。

实际上，所有的一次方程都符合这个通式：$ax + b = cx + d$，其中 a、b、c 和 d 代表不同的数。下面是一些一次方程的例子：

$$3x - 5 = 22$$
$$4x - 12 = 2x - 9$$
$$\frac{1}{2}x + \frac{2}{3} = \frac{1}{5}x + \frac{7}{8}$$

等号的每一侧都有一个带 x 的项和一个**常数**（constant）项，而常数就是不带 x 的数。变量 x 之前的数称为**系数**（coefficient）。例如，$3x$ 中的 3 就是系数。

有些时候，等号的某一侧根本没有带 x 的项，这意味着那个 x 的系数为 0。上面的第一个例子 $3x - 5 = 22$ 体现了这一点，22 是等号右侧唯一的项：

$$ax + b = cx + d$$
$$3x - 5 = 0 + 22$$

将它和通式对比可以看到，$a = 3$，$b = -5$，$d = 22$。唯一缺失的是 c 的值。不过也可以认为它仍然存在。其实，没有 cx 项意味着 $cx = 0$，也就是说 c 等于 0。

下面，我们用一点代数知识求方程 $ax + b = cx + d$ 的解 x。如果求出了这个通式中 x 的值，就可以用这个值来解几乎所有这种形式的方程。

要解这个方程，我们先将方程左右两边同时减去 cx 和 b，把所有带 x 的项归到等号一边，所有常数项归到另一边：

$$ax - cx = d - b$$

然后从 ax 和 cx 中将 x 分解出来：

$$x(a - c) = d - b$$

最后，将方程两边同时除以 $a - c$，得到单独的 x。这样就得到了 x 关于 a、b、c 和 d 的表达式：

$$x = \frac{d - b}{a - c}$$

此后，我们就可以用这个公式解任何常数（a、b、c 和 d）均已知的一次方程，得到其中未知数 x 的值了。我们根据这个公式写一个可以解一次方程的 Python 程序吧。

4.1.2　编写 equation() 函数

要编写一个以通式中的常数为参数并将解打印出来的程序，在 IDLE 中新建一个 Python 文件并将其保存为 algebra.py。我们将编写一个函数，它以 a、b、c 和 d 四个数作为参数，并将其代入前面的公式（见代码清单 4-2）。

代码清单 4-2　编程求解 x

```
def equation(a,b,c,d):
    '''' 解 ax + b = cx + d 形式的方程 ''''
    return (d - b)/(a - c)
```

回想一下前面一次方程的解法通式：

$$x = \frac{d-b}{a-c}$$

这意味着对于所有形式为 ax + b = cx + d 的方程，将其中的常数代入这个公式就可以算出未知数 x 的值。首先设置 equation() 函数，将常数作为参数。然后用表达式 (d - b) / (a - c) 求出方程的解。

用前面的方程 2x + 5 = 13 测试一下我们的程序。打开 Python shell，在提示符 >>> 后输入以下代码然后按 Enter 键：

```
>>> equation(2,5,0,13)
4.0
```

得到的解是 4。你可以将 4 带回原方程中，发现这个解是正确的。这个函数奏效了！

练习 4-1：解其他方程

用代码清单 4-2 中的程序解方程 $12x + 18 = -34x + 67$。

4.1.3　用 print() 替换 return

在代码清单 4-2 中，我们用 return 将解返回，而不是用 print() 将解打印。这是因为 return 将结果作为一个可以赋给变量的值返回给我们。代码清单 4-3 展示了将 return 替换成 print() 会发生什么。

```
def equation(a,b,c,d):
    '''' 解 ax + b = cx + d 形式的方程 ''''
    print((d - b)/(a - c))
```

运行这个函数，将得到和之前相同的输出：

```
>>> x = equation(2,5,0,13)
4.0
>>> print(x)
None
```

但当你试着使用 print() 函数将 x 的值打印出来时，程序会打印一个 None，因为 equation() 没有返回任何值。也就是说，返回值为内置常量 None，这个值被赋给了 x。可以看到，return 可以让你将函数的输出保存下来以便在别处使用，所以在编程中更有用。这也是为什么我们在代码清单 4-2 中用了 return。

要了解如何使用返回的结果，请使用代码清单 4-2 中的函数解练习 4-1 中的方程 $12x + 18 = -34x + 67$，将结果赋给变量 x，像下面这样：

```
>>> x = equation(12,18,-34,67)
>>> x
1.065217391304348
```

首先，将方程中的常数传递给 equation() 函数，让它求出方程的解并将解赋给变量 x。然后，只要输入 x 就可以查看它的值了。既然变量 x 存储了方程的解，可以将它代回原方程中看看是否正确。

输入以下代码，看看等式左边的 $12x + 18$ 等于多少：

```
>>> 12*x + 18
30.782608695652176
```

是 30.782608695652176。接着输入以下代码看看等式右边的 $-34x + 67$ 等于多少：

```
>>> -34*x + 67
30.782608695652172
```

可以看到，除了在小数点后第 15 位有轻微的舍入差异之外，等式两边的计算结果都在 30.782 608 左右。所以可以确信 1.065 217 391 304 348 是方程的解！好在我们将解返回并保存在了变量中，而不是仅仅打印它的值。毕竟，谁愿意一遍遍地输入 1.065 217 391 304 348 这样的数呢？

用 equation() 函数解 4.1.1 节开头最后那个看起来最可怕的方程：

$$\frac{1}{2}x + \frac{2}{3} = \frac{1}{5}x + \frac{7}{8}$$

4.2 解更高次的方程

学会了编写解一次方程的程序，下面来试试更难的。当方程包含了一个二次项时，比如 $x^2 + 3x - 10 = 0$，事情就有些复杂了。这样的方程被称为**二次方程**（quadratic equation），它们的通用表达式为 $ax^2 + bx + c = 0$，其中 a、b 和 c 可以是任意常数：或正或负，或整或分，或为小数。唯一的要求是二次项系数 a 不能是 0，因为这样的话方程就是一次的了。不像一次方程只有一个解，二次方程可以有两个解。

可以用**二次方程求解公式**（quadratic formula）求出二次方程的解。要得到这个公式，需要通过配方法将 $ax^2 + bx + c = 0$ 中的 x 分解出来：

$$x = \frac{-b \pm \sqrt{b^2 - 4ac}}{2a}$$

这个求解公式非常强大，因为不管方程 $ax^2 + bx + c = 0$ 中 a、b 和 c 的值是多少，只需要将它们代入其中就可以计算出解。

我们知道 $x^2 + 3x - 10 = 0$ 中的常数是 1、3 和 -10。把它们代入公式中，得到：

$$x = \frac{-3 \pm \sqrt{3^2 - 4(1)(-10)}}{2(1)}$$

化简得到：

$$x = \frac{-3 \pm \sqrt{49}}{2} = \frac{-3 \pm 7}{2}$$

这里有两个解，其中

$$x = \frac{-3 + 7}{2}$$

等于 2，以及

$$x = \frac{-3-7}{2}$$

等于 −5。

可以看到，将 x 替换成其中任意一个数都可以使等式成立：

$$(2)^2 + 3(2) - 10 = 4 + 6 - 10 = 0$$
$$(-5)^2 + 3(-5) - 10 = 25 - 15 - 10 = 0$$

下面编写一个使用该求解公式的程序，它能返回任意二次方程的两个解。

4.2.1 用 quad() 函数解二次方程

假如我们想用 Python 解下面这个二次方程：

$$2x^2 + 7x - 15 = 0$$

我们将编写一个名为 quad() 的函数，以二次方程中的常数（a、b、c 和 d）作为参数，返回方程的两个解。但在开始之前，需要先从 math 模块中导入 sqrt 方法。Python 中的 sqrt 方法可以为我们求出一个数的平方根，就像计算器上的开根号键一样。它可以用在非负数上，当你用它求一个负数的平方根时，会得到这样的错误：

```
>>> from math import sqrt
>>> sqrt(-4)
Traceback (most recent call last):
  File "<pyshell#11>", line 1, in <module>
    sqrt(-4)
ValueError: math domain error
```

在 IDLE 中新建一个 Python 文件，并将其命名为 polynomials.py。在文件开头加入下面这一行，从 math 模块中导入 sqrt 函数：

```
from math import sqrt
```

然后输入代码清单 4-4 所示的代码，定义 quad() 函数。

代码清单 4-4　用公式解二次方程

```
def quad(a,b,c):
    '''' 返回 a*x**2 + b*x + c = 0 形式的方程的解 ''''
    x1 = (-b + sqrt(b**2 - 4*a*c))/(2*a)
    x2 = (-b - sqrt(b**2 - 4*a*c))/(2*a)
    return x1,x2
```

quad() 函数以 a、b 和 c 三个数作为参数，将它们代入求解公式。我们将第一个解赋给变量 x1，将第二个解赋给变量 x2。

现在尝试使用这个函数解 $2x^2 + 7x - 15 = 0$。分别将 2、7 和 −15 作为参数 a、b 和 c 的值，输出应该是下面这样的：

```
>>> quad(2,7,-15)
(1.5, -5.0)
```

可以看到，x 的两个解是 1.5 和 −5。也就是说，这两个值都满足方程 $2x^2 + 7x - 15 = 0$。要验证这一点，将原方程中所有的变量 x 替换成第一个解 1.5，然后替换成第二个解 −5，如下所示：

```
>>> 2*1.5**2 + 7*1.5 - 15
0.0
>>> 2*(-5)**2 + 7*(-5) - 15
0
```

成功！这证实了这两个值确实是原方程的解。以后，我们可以随时使用 equation() 和 quad() 这两个函数了。你学会了编写函数来解一次方程和二次方程，下面我们来讨论如何解更高次的方程！

4.2.2　用 plug() 函数解三次方程

在代数课上，同学们常被要求解像 $6x^3 + 31x^2 + 3x - 10 = 0$ 这样包含一个三次方项的**三次方程**（cubic equation）。我们可以修改代码清单 4-1 中的 plug() 函数，用蛮力法解这个三次方程。在 IDLE 中输入代码清单 4-5 所示的代码，看看它的实际效果。

代码清单 4-5　用 plug() 函数解三次方程（plug.py）

```
def g(x):
    return 6*x**3 + 31*x**2 + 3*x - 10

def plug():
    x = -100
    while x < 100:
        if g(x) == 0:
            print("x =",x)
        x += 1
    print("done.")
```

首先，将 g(x) 定义为一个求表达式 6*x**3 + 31*x**2 + 3*x - 10 的函数，而该表达式就是要解的三次方程的左侧部分。然后，让程序将所有 −100 到 100 的整数代入刚刚定义的函数 g(x)。如果程序找到了一个让 g(x) 等于 0 的数，就意味着找到了方程的解，并会将其打印出来。

调用 plug()，应该会看到如下输出：

```
>>> plug()
x = -5
done.
```

程序给出的答案是 −5。你可能会怀疑，因为之前的二次方程有两个解，所以 x^3 项意味着方程应该有三个解。如你所见，虽然可以用蛮力法找到这样一个解，但无法确定是否存在其他的解，也无法找到它们的值。幸运的是，有种方法可以让我们看到一个函数所有可能的输入及其对应的输出。这就是**作图法**（graphing）。

4.3　用作图法解方程

在本节中，我们将使用一个名为 Processing 的灵便工具绘制高次方程的图像。这个工具可以帮我们以有趣、直观的方式找到高次方程的解！如果你还没有安装 Processing，请按照前言"安装 Processing"一节中的说明进行操作。

4.3.1　Processing 入门

Processing 是一个编程环境和图形库，可以轻松将你的代码可视化。在其官方网站的示例页面（Examples）上，你可以看到很多炫酷、动态、可交互的艺术作品，都是用 Processing 制作的。你可以将 Processing 看作自己编程想法的速写本。事实上，你创建的每个 Processing 程序都被称作一个**草图**（sketch）。图 4-2 展示了 Python 模式下一个简短的 Processing 草图。

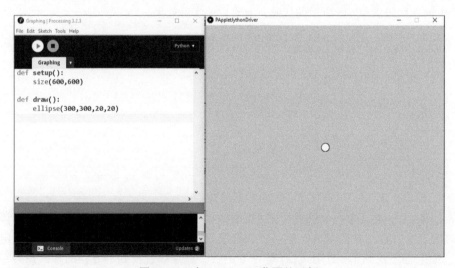

图 4-2　一个 Processing 草图的示例

可以看到，Processing 提供了一个可以输入代码的编程环境，还有一个单独的**显示窗口**（display window），用来展示代码的可视化效果。图 4-2 所示的是一个简单程序的草图，它画出了一个小圆圈。我们创建的每一个草图都包含 Processing 内置的两个函数：setup() 和 draw()。放在 setup() 函数中的代码会在你点击界面左上方的运行键（内有三角形的圆形按钮）时运行一次。放在 draw() 中的代码则会无限循环运行下去，直到你点击运行键旁边的停止键（内有正方形的圆形按钮）为止。

从图 4-2 中可以看到，我们在 setup() 函数中通过 size() 函数将显示窗口的大小定义为 600 像素 × 600 像素。在 draw() 函数中，我们使用 ellipse() 函数让程序画出一个圆形。画在什么位置？画多大？我们需要告诉 ellipse() 函数四个数：椭圆中心的 x 坐标和 y 坐标，以及椭圆的宽度和高度。

注意，圆圈出现在窗口的中央。在数学课上，这个位置是坐标为 (0, 0) 的**原点**（origin）。但在 Processing 和其他一些图形库中，坐标为 (0, 0) 的点在窗口的左上角。因此，想得到窗口中央的坐标，就要将窗口长度（600）和宽度（600）分别除以 2，得到窗口中心的坐标是 (300, 300)。

除了 ellipse() 以外，Processing 还有很多函数，让你能够方便地绘制图形。要查看完整的函数列表，请前往 Processing 网站上的参考页面（Reference），其中有绘制椭圆、三角形、矩形、圆弧等的许多函数。在下一章中，我们将更详细地探讨如何使用 Processing 绘制图形。

> **注意**
>
> Processing 中的代码颜色和 IDLE 的默认代码颜色有所不同。例如，你可以看到 def 在 Processing 中是绿色的（如图 4-2 所示），但在 IDLE 中是橙色的。

4.3.2 制作你自己的作图工具

既然已经下载好了 Processing，我们就用它做一个可以查看方程有多少个解的作图工具吧。首先要绘制一个由青色线条组成的网格，让窗口看起来像绘图纸一样，然后用黑色线条画出 x 轴和 y 轴。

1. 设置作图尺寸

要为我们的作图工具画一个网格，首先要设置显示窗口的尺寸。在 Processing 中，可以用 size() 函数以像素为单位指定窗口的宽度和高度。窗口的默认大小是 600 像素 × 600 像素，但在我们的作图工具中，所创建函数图像的 x 值和 y 值的范围是 −10 到 10。

在 Processing 中新建一个文件，并将其保存为 grid.pyde。确保你使用的是 Python 模式。输入代码清单 4-6 所示的代码，设置我们想要为函数图像显示的 x 值和 y 值的范围。

```
# 设置 x 的最小值和最大值
xmin = -10
xmax = 10

# y 的最小值和最大值
ymin = -10
ymax = 10

# 计算 x 值和 y 值的范围
rangex = xmax - xmin
rangey = ymax - ymin

def setup():
    size(600,600)
```

在代码清单 4-6 中，我们首先创建了两个变量 xmin 和 xmax，分别代表网格 x 值的最小值和最大值，然后对 y 值进行同样的操作（定义 ymin 和 ymax）。之后，为 x 值的范围定义变量 rangex，为 y 值的范围定义变量 rangey。我们用 xmax 减 xmin 来计算 rangex 的值，并用同样的方法计算 rangey 的值。

因为我们要作图的大小不是 600 像素 × 600 像素，而是 xrange × yrange，所以要将图像中的坐标映射到 Processing 窗口中的坐标。这需要在作图时将图像的 x 坐标和 y 坐标都乘以一个比例尺，否则图像将无法在窗口中正确显示。为此，在现有的 setup() 函数中加入代码清单 4-7 所示的几行代码。

```
def setup()
    global xscl, yscl
    size(600,600)
    xscl = width / rangex
    yscl = -height / rangey
```

首先，声明用来缩放图像坐标的全局变量 xscl 和 yscl，分别代表了 x 方向和 y 方向上的比例尺。举个例子，如果 x 值的范围是 600，那么 x 方向上的比例尺就是 1。但如果想让图像的 x 坐标范围变为 300（从 −150 到 150），那么 x 方向上的比例尺就应该是 2。这个值是用窗口宽度 width（600）除以 x 值的范围 xrange（300）得来的。

我们的程序需要的 x 值的范围是 20（从 −10 到 10），所以可以用 600 除以它，得到 x 方向上的比例尺是 30。从此刻开始，我们需要将图像中所有的 x 坐标和 y 坐标乘以 30，这样才可以将图像正确地映射到窗口上。好在计算机可以为我们做所有的除法和乘法工作，我们只需要记得在作图时将图像坐标乘上比例尺 xscal 和 yscal 就行了！

2. 画出网格

设置好了图像的尺寸，下面就可以画出像绘图纸上那样的网格线了。setup() 函数中的所有代码都会被运行一次。draw() 函数则会在一个无限循环中被调用。这两个都是 Processing 内置的函数，名字无法更改，否则草图将无法运行。向代码中添加代码清单 4-8 中 draw() 函数的定义。

代码清单 4-8　为图像画出青色网格线（grid.pyde）

```python
# 设置 x 的最小值和最大值
xmin = -10
xmax = 10

# y 的最小值和最大值
ymin = -10
ymax = 10

# 计算 x 值和 y 值的范围
rangex = xmax - xmin
rangey = ymax - ymin

def setup():
    global xscl, yscl
    size(600,600)
    xscl = width / rangex
    yscl = -height / rangey

def draw():
    global xscl, yscl
    background(255)  # 白色
    translate(width/2,height/2)
    # 青色的线
    strokeWeight(1)
    stroke(0,255,255)
    for i in range(xmin,xmax + 1):
        line(i,ymin,i,ymax)
        line(i*xscl,ymin*yscl,i*xscl,ymax*yscl)
        line(xmin*xscl,i*yscl,xmax*xscl,i*yscl)
```

首先，用 global xscl, yscl 告诉 Python 我们不想创建新变量，只想使用之前定义过的全局变量。然后，以 255 为参数将背景颜色设置成白色。我们可以用 Processing 的 translate() 函数将图像向上下左右平移。代码 translate(width/2, height/2) 会将原点从左上角移至屏幕中心。接着用 strokeWeight() 函数设置线条的粗细，参数 1 代表最细。你可以提供更大的参数以得到更粗的线条，还可以用 stroke() 函数改变线条的颜色。这里我们用到了青色（cyan），它的 RGB 值是 (0, 255, 255)，也就是说它由最弱的红色、最强的绿色和最强的蓝色混合而成。

之后，我们用一个 for 循环画出 42 条青色线，省得直接编写 42 行代码。因为图像的宽度范围是 xmin 到 xmax，高度范围是 ymin 到 ymax，所以需要在 ymin 和 ymax 之间画出 21 条等距的水平青色线，还要在 xmin 和 xmax 之间画出 21 条等距的竖直青色线。在本例中，ymin 和 xmin 相等，

ymax 和 xmax 相等，所以把水平和竖直两条线合在了一个循环里。

RGB 值

RGB 值是由红（red）、绿（green）、蓝（blue）三个色值按此顺序排列组成的混合值。单色值的范围是 0 到 255。例如，(255, 0, 0) 意味着"红色值最大，没有绿色和蓝色"。黄色是仅由红色和绿色混合成的颜色，青色则是仅由绿色和蓝色混合成的颜色。

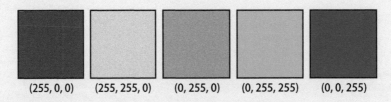

(255, 0, 0)　(255, 255, 0)　(0, 255, 0)　(0, 255, 255)　(0, 0, 255)

其他颜色是由不同程度的红绿蓝三色混合而成的：

(255, 0, 255)　(128, 0, 128)　(255, 140, 0)　(102, 51, 0)　(250, 128, 114)

你可以在网上搜索"RGB 配色表"来找到更多颜色的 RGB 值！

在 Processing 中，你需要四个参数来画一条线，分别是线段起点和终点的 x 坐标和 y 坐标。下面这些代码画出了竖直的线：

```
line(-10,-10, -10,10)
line(-9,-10, -9,10)
line(-8,-10, -8,10)
```

但因为 range(x) 指定的范围不包括 x（之前学过），所以我们的 for 循环要让循环变量 i 的值取到 xmax，那么 range() 的第二个参数就得是 xmax + 1。

类似地，生成水平线段的代码如下所示：

```
line(-10,-10, 10,-10)
line(-10,-9, 10,-9)
line(-10,-8, 10,-8)
```

这次可以看到，两个坐标的 y 值从上往下依次是 -10、-9 和 -8 等，而 x 值分别保持在 -10 和 10（也就是 xmin 和 xmax）不变。我们加一个从 ymin 到 ymax 的循环：

```
for i in range(xmin,xmax+1):
    line(i,ymin,i,ymax)
for i in range(ymin,ymax+1):
    line(xmin,i,xmax,i)
```

如果用上面的代码替换代码清单 4-8 中的 for 循环，画出的图像将是一个位于屏幕中央的青色小正方形，因为画出的线的 x 坐标和 y 坐标的范围是 -10 到 10，但屏幕的像素坐标范围是 -300 到 300。这是因为还没有将 x 坐标和 y 坐标与 x 方向和 y 方向上的比例尺相乘！要让网格能够正确地显示，将代码改成下面这样：

```
for i in range(xmin,xmax+1):
    line(i*xscl,ymin*yscl,i*xscl,ymax*yscl)
for i in range(ymin,ymax+1):
    line(xmin*xscl,i*yscl,xmax*xscl,i*yscl)
```

下面就可以画 x 轴和 y 轴了。

3. 画 x 轴和 y 轴

要画出两条黑色的 x 轴和 y 轴，先调用 stroke() 函数将线条颜色设置成黑色（0 是黑色，255 是白色）。然后从坐标 $(0, -10)$ 到 $(0, 10)$ 画一条竖直的 y 轴，从坐标 $(-10, 0)$ 到 $(10, 0)$ 画一条水平的 x 轴。记得将这几个坐标值乘上相应的比例尺，除非是 0，乘上也没有变化。

代码清单 4-9 展示了画出网格的 draw() 函数的完整代码。

代码清单 4-9　画出网格（grid.pyde）

```
# 青色的线
strokeWeight(1)
stroke(0,255,255)
for i in range(xmin,xmax+1):
    line(i*xscl,ymin*yscl,i*xscl,ymax*yscl)
for i in range(ymin,ymax+1):
    line(xmin*xscl,i*yscl,xmax*xscl,i*yscl)
stroke(0)  # 黑色的轴
line(0,ymin*yscl,0,ymax*yscl)
line(xmin*xscl,0,xmax*xscl,0)
```

点击运行键，会得到一个如图 4-3 所示的漂亮的网格。

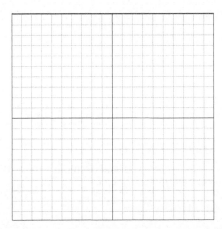

图 4-3　你画出了一个可以用来作图的网格，而且只需要画一次

看起来好像完成了，但如果我们试着在坐标 (3, 6) 上放一个点（其实是一个很小的椭圆），就会发现一个问题。在 draw() 函数的最后添加如下代码：

grid.pyde

```
# 用一个圆做测试
fill(0)
ellipse(3*xscl,6*yscl,10,10)
```

再次运行，会看到如图 4-4 所示的结果。

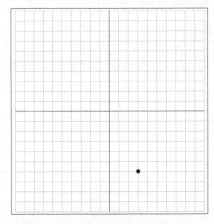

图 4-4　检查作图程序。就快好了

可以看到，这个点的位置坐标是 (3, −6)，而不是 (3, 6)。输出的图像上下颠倒了！要将其改正，可以在 setup() 函数中计算 y 方向上的比例尺时加上一个负号，从而将坐标翻转：

```
yscl = -height/rangey
```

再次运行，应该可以看到点落在了正确的位置上，如图 4-5 所示。

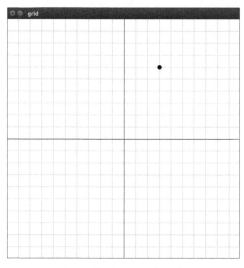

图 4-5　作图工具工作正常了

编写好了作图工具，下面就将它打包成一个函数，以便以后随时用它来绘制函数图像。

4. 编写 grid() 函数

为了使代码井井有条，我们将画网格的代码分离出来，打包成一个独立的函数 grid()。然后在 draw() 函数中调用 grid() 函数，如代码清单 4-10 中所示。

代码清单 4-10　将画网格的代码移动到一个单独的函数中（grid.pyde）

```
def draw():
    global xscl, yscl
    background(255)
    translate(width/2,height/2)
    grid(xscl,yscl)  # 画出网格

def grid(xscl,yscl):
    # 画一个用于作图的网格
    # 青色的线
    strokeWeight(1)
    stroke(0,255,255)
    for i in range(xmin,xmax+1):
        line(i*xscl,ymin*yscl,i*xscl,ymax*yscl)
    for i in range(ymin,ymax+1):
        line(xmin*xscl,i*yscl,xmax*xscl,i*yscl)
    stroke(0)  # 黑色的轴
    line(0,ymin*yscl,0,ymax*yscl)
    line(xmin*xscl,0,xmax*xscl,0)
```

在编程时，我们经常将代码组织成一个个函数。注意，在代码清单 4-10 中，我们可以很清楚地看到 draw() 函数中执行了哪些操作。现在就可以解 $6x^3 + 31x^2 + 3x - 10 = 0$ 这个三次方程了。

4.3.3　绘制方程的图像

绘图是一种有趣且直观的方法，可以用来找到多项式可能拥有的多个解。但在我们尝试绘制如 $6x^3 + 31x^2 + 3x - 10 = 0$ 的复杂方程的图像前，先来画一个简单的抛物线。

1. 描点

在代码清单 4-10 中的 draw() 函数后添加下面这个函数：

grid.pyde

```
def f(x):
    return x**2
```

这定义了一个名为 f(x) 的函数。我们要用它告诉 Python，如何处理数 x 来生成函数的输出。在本例中，我们让它返回 x 的平方。在数学课上，通常传统地将函数命名为 f(x)、g(x)、h(x) 等。使用编程语言时，你几乎可以给函数随意取名！我们本可以给这个函数取一个描述性的名字（像 parabola(x)，指抛物线），但既然 f(x) 的使用更为普遍，我们就暂时这么用。

这是一条简单的抛物线，我们之后再画更复杂的函数。这条曲线上的所有点都代表 x 值及其对应的 y 值。我们可以用一个循环在所有 x 值为整数的点上画出一个小椭圆，但这样看起来是一组离散的点，如图 4-6 所示。

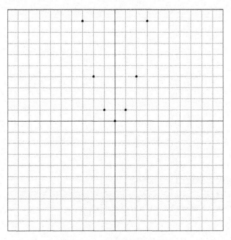

图 4-6　几个离散的点

使用另外一种循环，我们可以画出间距更小的一组点，如图 4-7 所示。

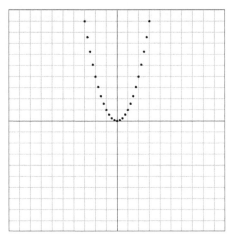

图 4-7 点的间距变小了，但还不能说是一条曲线

要画出一条连续的曲线，最好的方法是将相邻的点用直线段连接。如果点之间的距离足够近，整体看起来就是一条连续的曲线。首先，我们在 f(x) 后定义一个函数 graphFunction()。

2. 连点

在 graphFunction() 函数中，我们让 x 的初始值为 xmin，像这样：

grid.pyde

```
def graphFunction():
    x = xmin
```

要让图像延伸到整个网格，我们让 x 递增，直到它的值等于 xmax。这意味着"当（while）x 的值小于或等于 xmax 时"，我们都要保持这个循环进行下去，如下所示：

```
def graphFunction():
    x = xmin
    while x <= xmax:
```

要画出曲线，就要用线段将每个点和下一个点相连，每次从一个点前进 1/10 个单位到下一个点。尽管从结果上看我们的函数画出了一条曲线，但你可能不会注意到我们在极为邻近的两点间画出的线段是直的。比如，(2, f(2)) 到 (2.1, f(2.1)) 的距离极短，因此整体上看到的输出是一条曲线。

```
def graphFunction():
    x = xmin
    while x <= xmax:
        fill(0)
        line(x*xscl,f(x)*yscl,(x+0.1)*xscl,f(x+0.1)*yscl)
        x += 0.1
```

这段代码定义了一个函数，它能画出 f(x) 从 xmin 到 xmax 的图像。当 *x* 值小于等于 xmax 时，就画一条从 (*x*, *f*(*x*)) 到 ((*x* + 0.1), *f*(*x* + 0.1)) 的线段。不要忘记要在循环最后将 x 递增 0.1。

代码清单 4-11 展示了 grid.pyde 的完整代码。

代码清单 4-11　绘制抛物线的完整代码（grid.pyde）

```
# 设置 x 的最小值和最大值
xmin = -10
xmax = 10

# y 的最小值和最大值
ymin = -10
ymax = 10

# 计算 x 值和 y 值的范围
rangex = xmax - xmin
rangey = ymax - ymin

def setup():
    global xscl, yscl
    size(600,600)
    xscl = width / rangex
    yscl = -height / rangey

def draw():
    global xscl, yscl
    background(255) # 白色
    translate(width/2,height/2)
    grid(xscl,yscl)
    graphFunction()

def f(x):
    return x**2

def graphFunction():
    x = xmin
    while x <= xmax:
        fill(0)
        line(x*xscl,f(x)*yscl,(x+0.1)*xscl,f(x+0.1)*yscl)
        x += 0.1

def grid(xscl, yscl):
    # 画一个用于作图的网格
    # 青色的线
    strokeWeight(1)
    stroke(0,255,255)
    for i in range(xmin,xmax+1):
        line(i*xscl,ymin*yscl,i*xscl,ymax*yscl)
    for i in range(ymin,ymax+1):
        line(xmin*xscl,i*yscl,xmax*xscl,i*yscl)
    stroke(0) # 黑色的轴
        line(0,ymin*yscl,0,ymax*yscl)
        line(xmin*xscl,0,xmax*xscl,0)
```

运行得到的结果正是我们要的抛物线，如图 4-8 所示。

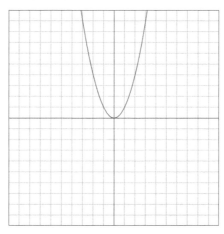

图 4-8　一条漂亮的、连续的抛物线

现在可以把作图的函数变得更复杂一些，我们的作图工具也会轻松地将其图像画出来：

grid.pyde

```
def f(x):
    return 6*x**3 + 31*x**2 + 3*x - 10
```

做出这个简单的改动后，你将看到如图 4-9 所示的输出，但函数的线条是黑色的。如果你想要红色的曲线，可以将 graphFunction() 函数中的 stroke(0) 一行改成 stroke(255, 0, 0)。

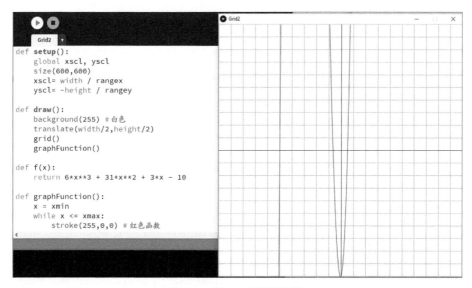

图 4-9　画一个多项式函数

只需要简单地改变函数 f() 中的一行，就可以让程序自动画出另一个函数的图像，真是太方便了！方程的解（也叫**根**）就是图像和 x 轴的交点。我们可以看到三个交点：一个在 $x = -5$，另一个在 -1 和 0 之间，还有一个在 0 和 1 之间。

4.3.4 用"猜测检验法"求根

我们在第 3 章中已经见识到了"猜测检验法"对数字猜测多么有效。现在我们用这个方法计算方程 $6x^3 + 31x^2 + 3x - 10 = 0$ 的根的近似值。从位于 0 和 1 之间的那个根开始。它是 0.5 吗？只要将 0.5 代入方程就可以检验它是不是。在 IDLE 中新建一个文件，命名为 guess.py，向其中输入以下代码：

guess.py

```
def f(x):
    return 6*x**3 + 31*x**2 + 3*x - 10

>>> f(0.5)
0.0
```

可以看到，x 等于 0.5 时，函数的值为 0。因此方程的第二个解是 $x = 0.5$。

下面来求位于 -1 和 0 之间的那个根。先试试 -1 和 0 的平均值：

```
>>> f(-0.5)
-4.5
```

$x = -0.5$ 时，函数的值是一个负数，而不是 0。结合函数图像，可以判断我们猜大了，所以根一定位于 -1 和 -0.5 之间。我们用端点的平均值再试一次：

```
>>> f(-0.75)
2.65625
```

结果是一个正数，所以猜小了，根一定在 -0.75 和 -0.5 之间：

```
>>> f(-0.625)
-1.23046875
```

又猜大了，这就有点烦人了。来看看如何让 Python 替我们找到这个根。

4.3.5 编写 guess() 函数

我们来创建一个函数，它依据根所处范围的两个端点计算中点处的值，并相应地缩小根的范围，直到找到方程的根。函数 f(x) 的值在 x 位于 -1 到 0 时由正变为负，代码清单 4-12 中的 guess() 函数正是根据这一特征编写的。当函数从负值增加到正值时，就需要将代码稍微修改一下了。

```
''' 猜测方法 '''
def f(x):
    return 6*x**3 + 31*x**2 + 3*x - 10

def average(a,b):
    return (a + b)/2.0

def guess():
    lower = -1
    upper = 0
❶  for i in range(20):
        midpt = average(lower,upper)
        if f(midpt) == 0:
            return midpt
        elif f(midpt) < 0:
            upper = midpt
        else:
            lower = midpt
    return midpt

x = guess()

print(x,f(x))
```

首先，将 f(x) 定义为需要求根的方程。然后，定义一个求两个数平均值的 average() 函数，每次循环都会用到它。最后定义 guess() 函数，因为这个根位于 −1 和 0 之间，所以为其上限和下限分别赋予初始值 −1 和 0。

然后，用 for i in range(20): 创建一个将根的范围缩小 20 次的循环。每轮循环内猜测的值都是上下限的平均值，或者说范围的中点。将中点代入 f(x)，如果结果是 0，代表该中点就是我们要找的根；如果结果是负数，我们就知道猜大了，该中点将成为新的上限，然后开始新一轮的猜测；如果结果是正数，说明猜小了，该中点将成为下一轮猜测中的下限。

如果 20 轮猜测后仍然没有找到根并将其返回，就将最后计算出的中点作为答案返回。

运行这个程序，会打印出如下两个数：

```
-0.6666669845581055 9.642708896251406e-06
```

第一个数是 x 值，非常接近 −2/3。第二个数是 f(x) 在这个 x 值处的值，结尾的 e-06 表明这个数是用科学计数法表示的，也就是说取 9.64 并将小数点向左移 6 位。所以 f(x) 在此处的值是 0.000 009 64，非常接近 0。这个猜测验证程序可以在不到一秒的时间内求出方程的这个根，更确切地说，是一个精确到误差为真实根的 $1/10^6$ 的近似根，我到现在都觉得意外和奇妙！你看到使用像 Python 和 Processing 这样的自由软件来探索数学问题的力量了吗？

如果将迭代的次数从 20 增加到 40，会得到一个更加接近 0 的函数值：

-0.6666666666669698 9.196199357575097e-12

来看看 f(-2/3)（近似于 f(-0.6666666666669698)））是多少：

>>> **f(-2/3)**
0.0

检验通过，所以方程 $6x^3 + 31x^2 + 3x - 10 = 0$ 的三个解是 $x = -5$、$-2/3$ 和 $1/2$。

练习 4-3：再求一个方程的根

用刚刚创建的作图工具找出方程 $2x^2 + 7x + -15 = 0$ 的根。记住，将方程等号左边的式子看作一个函数，这个函数与 x 轴相交（函数值等于 0）时，x 的值就是方程的根。用 quad() 函数验证你的答案。

4.4　小结

在传统的数学课上，老师会花好几年的时间教学生如何解更高次的方程。在本章中你学到了，使用"猜测检验法"编写程序解这些方程并不那么困难。你还编写了使用其他方法解方程的程序，比如使用二次方程求根公式和作图法。事实上，不论要解的方程多么复杂，我们都只需要画出它的图像，然后近似地求出它穿过 x 轴时的坐标即可。通过不断缩小坐标的可能范围，我们就可以得到精确到任何程度的答案。

在编程中，用变量表示可以改变的值（比如物体的大小和坐标）时，都用到了代数的思想。用户可以在一个地方更改变量的值，程序会自动地改变它在所有其他地方的值。在后续章节中，我们将模拟现实生活中的场景，其中需要用变量代表模型的参数和限制，比如能量含量和重力。使用变量可以让我们轻松地改变一些值，从不同的方面改变模型。

在下一章中，你将用 Processing 制作可交互的图形，比如旋转的三角形和彩色的网格！

第 **5** 章

用几何学变换形状

一天，Nasrudin 在茶馆里宣布要卖掉自己的房子。当被其他顾客问到房子的样子时，他拿出一块砖头："不过是一堆这玩意儿罢了。"

——Idries Shah

在几何课上，你学到的所有东西都和不同维度中的形状相关。你通常从一维的线和二维的圆形、正方形、三角形学起，然后是球体和立方体这样的三维物体。如今，用科技手段和自由软件制作几何形状很简单，不过在操作和改变形状方面会有一定的挑战性。

在本章中，你将学到如何用 Processing 图形包操作和转换几何形状。你将从圆形和三角形这样的基本形状开始，为在以后的章节中处理分形和元胞自动机这样的复杂形状打下基础。你还将学到如何将一些看起来很复杂的图案拆分成简单的组成部分。

5.1 画一个圆

让我们从简单的、一维的圆形开始。在 Processing 中新建一个草图，将其保存为 geometry.pyde。然后输入代码清单 5-1 所示的代码，在窗口中画一个圆。

```
def setup():
    size(600,600)

def draw():
    ellipse(200,100,20,20)
```

在画出形状前，我们先定义速写本的尺寸，也就是**坐标平面**（coordinate plane）。在本例中，我们用 size() 函数定义网格的宽度为 600 像素，高度也为 600 像素。

设置好坐标平面之后，用绘图函数 ellipse() 在该平面上画一个圆。前两个参数 200 和 100 设定圆心在平面上的位置，其中 200 是圆心的 *x* 坐标，100 是圆心的 *y* 坐标。

后两个参数以像素为单位设定形状的宽度和高度。在本例中，形状宽 20 像素、高 20 像素。因为这两个参数相等，所以圆周上的点到圆心的距离相同，形成了一个完美的圆。

点击运行键（像播放键的那个），将打开一个新窗口，里面有一个小圆，如图 5-1 所示。

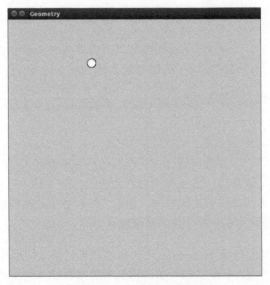

图 5-1 代码清单 5-1 所示程序的输出是一个小圆

Processing 有很多用于绘制形状的函数。可以到 Processing 网站上的参考页面查看完整列表，探索其他绘制形状的函数。

现在，你已经学会了如何在 Processing 中画一个圆，也就快准备好使用简单的形状来制作动态、可交互的图像了。要画出那样的图像，你先要学习位置和变换的概念。我们先从位置开始。

5.2　用坐标指定位置

在代码清单 5-1 中，我们用 ellipse() 函数的前两个参数指定圆在平面上的位置。与之类似，我们用 Processing 创造的每个形状都需要一个用坐标系指定的位置。在坐标系中，图上的每个点都用两个数表示：(x, y)。在传统的数学图像中，原点（$x = 0$ 且 $y = 0$ 的位置）位于图的中心，如图 5-2 所示。

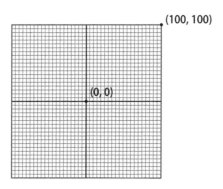

图 5-2　一个原点在中心的传统坐标系

然而，计算机图形中的坐标系不太一样。它的原点在左上角，x 和 y 的值分别随着向右和向下移动而增加，如图 5-3 所示。

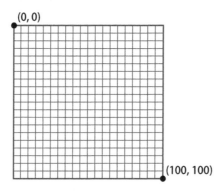

图 5-3　计算机图形中的坐标系，原点在左上角

这个平面上的每个坐标都代表了窗口中的 1 像素。可以看到，原点在左上角意味着不用对付负的坐标值了。我们将基于这个坐标系使用函数变换和移动越来越复杂的形状。

画单个圆很简单，但画多个形状就会变得很复杂。比如，想象如何画出图 5-4 中的图案。

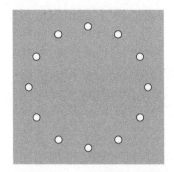

图 5-4　一个由圆组成的圆

要指定每个圆的大小和位置并使其间隔均匀，需要写很多重复的代码。幸运的是，你不需要明确地知道每个圆的 x 坐标和 y 坐标就可以做到。在 Processing 中，你可以轻松地将对象放在网格的任意位置上。

让我们从一个简单的例子开始，看看如何做到这一点。

5.3　变换函数

你可能记得在几何课上用铅笔和纸对图形做变换，费力地将一组点变换成另一组点，从而移动形状。用计算机来做变换就有趣多了。事实上，没有变换就不会有好看的计算机图形！像平移和旋转这样的几何变换可以让你改变对象的位置和外观，而不需要改变它本身。例如，你可以对一个三角形做变换，在不改变其形状的情况下，将它移动到另一个位置或进行旋转。Processing 内置了一些变换函数，可以让平移和旋转操作变得简单。

5.3.1　用 translate() 函数平移对象

平移（translate）是指在网格上移动形状，使形状的所有点向相同的方向移动相同的距离。换句话说，平移操作可以让你移动形状，但是既不会改变形状本身，又不会让它发生倾斜。

在数学课上，平移一个对象需要你手动改变对象的所有点的坐标。但在 Processing 中，平移对象时实际会移动**网格**本身，而对象的坐标保持不变！举个例子，我们在窗口中画一个矩形。按照代码清单 5-2 所示的代码修改 geometry.pyde。

代码清单 5-2　画一个待平移的矩形（geometry.pyde）

```
def setup():
    size(600,600)

def draw():
    rect(20,40,50,30)
```

这里，我们用 rect() 函数画出矩形（rectangle）。前两个参数是矩形左上角的 x 坐标和 y 坐标，后两个参数则分别指定了矩形的长和宽。

运行草图，应该能看到如图 5-5 所示的矩形。

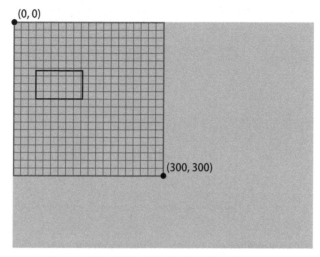

图 5-5　默认设置下的坐标系，原点在左上角

注意

在这些例子中，我画出了网格以供参考，但是你在自己作的图上不会看到。

下面用代码清单 5-3 所示的代码让 Processing 平移矩形。注意，我们没有改变矩形的坐标。

代码清单 5-3　平移矩形（geometry.pyde）

```
def setup():
    size(600,600)

def draw():
    translate(50,80);
    rect(50,100,100,60)
```

这里用 translate() 函数移动矩形。我们传递给它两个参数：第一个参数告诉 Processing 将网格向水平（x）方向移动多远，第二个参数则是向竖直（y）方向移动的距离。故 translate(50, 80) 会将整个网格向右移动 50 像素，向下移动 80 像素，如图 5-6 所示。

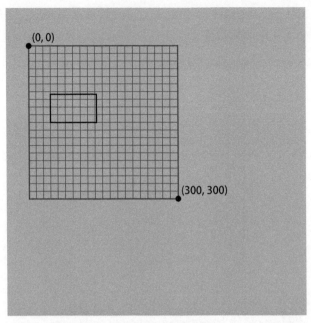

图 5-6　将网格右移 50 像素并下移 80 像素，从而平移矩形

将原点 (0, 0) 移到画布中央通常很有用。你可以用 translate() 函数轻松地将原点移到网格中央，也可以用它改变画布的宽度和高度。我们来看看 Processing 的内置变量 width 和 height，无须使用具体的数，就可以通过它们改变画布的尺寸。将代码更新成代码清单 5-4 所示的那样，看看这两个变量的实际作用。

代码清单 5-4　用 width 和 height 变量平移矩形（geometry.pyde）

```
def setup():
    size(600,600)

def draw():
    translate(width/2, height/2)
    rect(50,100,100,60)
```

你在 setup() 函数中的 size() 函数里设定的两个数就是画布的宽度和高度。在本例中，我用了 size(600, 600)，所以宽度和高度都是 600 像素。当我们将 translate() 中的参数改为 width/2 和 height/2，用变量而不是具体的数值时，就告诉了 Processing：无论窗口的尺寸是多少，都将位置 (0, 0) 设在窗口的中心。这意味着，如果你改变了窗口的尺寸，Processing 会自动更新变量 width 和 height 的值，不用你手动改变代码中的这些数值。

运行更新后的代码，应该会看到如图 5-7 所示的图像。

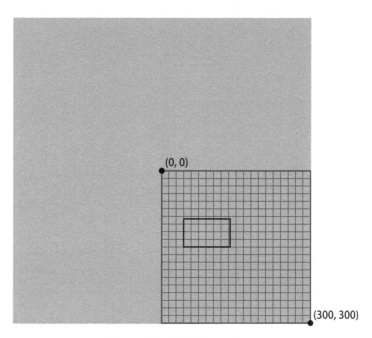

图 5-7　原点被平移到了窗口中央

　　注意原点仍被标记为 (0, 0)，说明我们并没有真的移动原点，而是移动了整个坐标平面，这样原点就落到了画布中央。

5.3.2　用 `rotate()` 旋转对象

　　几何学中的**旋转**（rotation）是将图形绕某个中心转动的一种变换。Processing 中的 `rotate()` 函数将网格绕原点 (0, 0) 旋转。这个函数以指定旋转角的数作为唯一的参数。旋转角的单位是弧度（radian），你应该在微积分先修课上学过弧度。旋转一周意味着转过了 360 度，用弧度制则表示为 2π（约等于 6.28）。如果你像我一样以角度为单位思考，可以用 `radians()` 函数将角度转换成弧度，这样就不用自己计算了。

　　将目前草图中 `draw()` 函数的 `translate(width/2, height/2)` 一行分别替换成图 5-8 中的两块代码并运行，看看 `rotate()` 函数的作用。图 5-8 展示了这两个例子的结果。

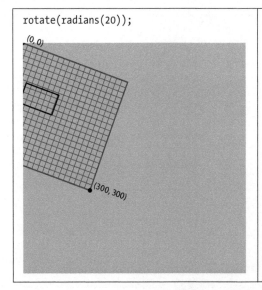
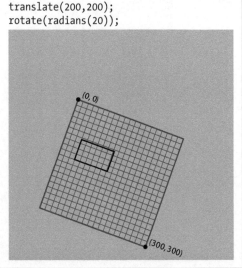

图 5-8　网格总是绕 (0, 0) 旋转

在图 5-8 中左侧的例子中，网格绕 (0, 0) 也就是画布左上角旋转了 20 度。在右侧的例子中，先是原点分别向右、向下移动了 200 像素，然后网格进行了旋转。

用 rotate() 函数可以很容易地画出像图 5-4 中那样的一圈对象，步骤如下：

(1) 平移至这圈对象所在圆的圆心位置；
(2) 旋转网格并沿圆周画出对象。

你知道怎么用变换函数操作画布上对象的位置了，下面来用 Processing 实际地将图 5-4 重现出来。

5.3.3　画一圈圆

要画出图 5-4 中那样排成一圈的圆，我们用一个 for i in range() 循环重复画圆，并保证画出的圆间隔相等。首先想想相邻的两个小圆应该间隔多少度才能凑满一圈——记住一圈是 360 度。

输入代码清单 5-5 所示的代码，画出这个图形。

代码清单 5-5　画一个圆圈图案（geometry.pyde）

```
def setup():
    size(600,600)

def draw():
```

```
translate(width/2,height/2)
for i in range(12):
    ellipse(200,0,50,50)
    rotate(radians(360/12))
```

注意，draw() 函数中的 translate(width/2, height/2) 将网格原点平移到了画布中央。然后我们开始 for 循环，在网格的 (200, 0) 处画一个圆。ellipse() 函数的前两个参数指定了这一位置，后两个参数则将椭圆的宽度和高度都设为 50 像素。最后，在画下一个圆之前，我们将网格旋转 360/12 度，也就是 30 度。注意，在 rotate() 函数的括号内，我们用了 radians() 函数将 30 度转化为弧度。这意味着每个圆都会和下一个间隔 30 度。

运行这个草图，你会看到如图 5-9 所示的图案。

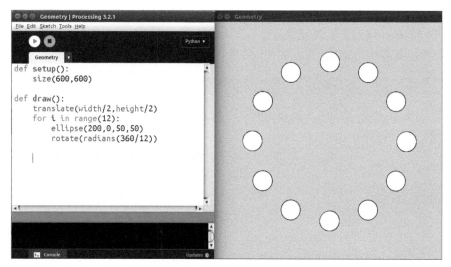

图 5-9　用变换创作一个圆圈图案

我们成功地把一群圆排列成了一个圆圈！

5.3.4　画一圈正方形

修改代码清单 5-5 中的代码，将一个个小圆改成正方形。为此，只需要把 ellipse 函数改成 rect 函数即可，如下所示：

geometry.pyde

```
def setup():
    size(600,600)

def draw():
    translate(width/2,height/2)
    for i in range(12):
```

```
rect(200,0,50,50)
rotate(radians(360/12))
```

十分简单!

5.4　使对象动画化

Processing 是将对象动画化、制作动态图形的有力工具。你将用 rotate() 函数创作你的第一个动画。通常，rotate 函数会立刻生效，所以你看不到旋转动作——只看得到旋转的结果。但我们在这里将使用一个时间变量 t，以便实时地看到旋转过程!

5.4.1　创建变量 t

我们用之前画一圈正方形的程序编写一个动画程序。首先在 setup() 函数前加一行 t = 0，创建变量 t 并将其初始化为 0。然后在 for 循环前插入代码清单 5-6 所示的代码。

代码清单 5-6　加入变量 t（geometry.pyde）

```
t = 0

def setup():
    size(600,600)

def draw():
    translate(width/2,height/2)
    rotate(radians(t))
    for i in range(12):
        rect(200,0,50,50)
        rotate(radians(360/12))
    t += 0.1
```

然而，运行这段代码会得到如下错误消息:

```
UnboundLocalError: local variable 't' referenced before assignment
```

这个异常会在引用一个未被初始化的本地变量时被抛出。当你在 draw() 函数中对 t 进行递增时，由于这是一个赋值操作，编译器会认为 t 是 draw() 函数**内部**的本地变量，从而忽略函数**外部**定义的那个同名全局变量 t。但是 rotate(radians(t)) 中引用了这个未初始化的本地变量，所以程序抛出了这个异常。要让编译器知道我们想使用全局变量，可以在 draw() 函数的开头加上一行 **global t**，这样程序就会直接引用全局变量，而不会创建一个同名的本地变量了。

输入完整的代码:

```
t = 0

def setup():
    size(600,600)

def draw():
    global t
    # 设置背景为白色
    background(255)
    translate(width/2,height/2)
    rotate(radians(t))
    for i in range(12):
        rect(200,0,50,50)
        rotate(radians(360/12))
    t += 0.1
```

这段代码将 t 初始化为 0,将网格旋转 t 度并使 t 的值增加 0.1,然后重复旋转和递增。运行这段代码,可以看到这些正方形开始沿圆周旋转了,如图 5-10 所示。

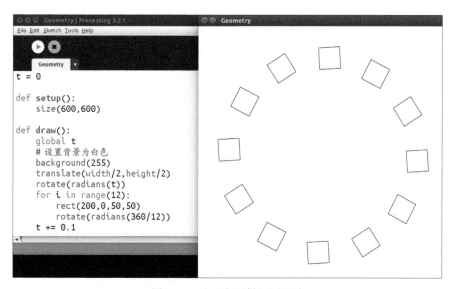

图 5-10　让正方形做圆周运动

很酷吧!下面试试单独旋转每个正方形。

5.4.2　旋转各个正方形

因为在 Processing 中旋转的中心是 (0, 0),我们在循环中先将其平移到每个正方形该在的位置,然后旋转,最后画出正方形。将你的循环改成代码清单 5-7 中的那样。

```
for i in range(12):
    translate(200,0)
    rotate(radians(t))
    rect(0,0,50,50)
    rotate(radians(360/12))
```

这个循环将网格平移到要画的正方形所在的位置，旋转网格从而使要画的正方形旋转，然后用 rect() 函数画出正方形。

5.4.3　用 pushMatrix() 和 popMatrix() 保存方位

运行更新后的代码，可以看到一些奇怪的行为。正方形不再绕画布中心旋转，而是整体在画布上不停移动，如图 5-11 所示。

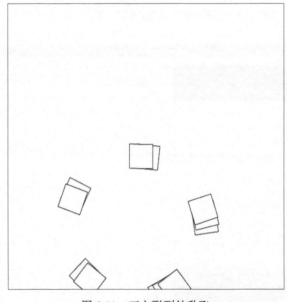

图 5-11　正方形到处乱飞

这是因为我们在不停地改变网格的位置和方向。在画完一个正方形后，我们需要在画下一个正方形之前将网格移回画布中心并转回之前的方向。虽然可以用 rotate(radians(-t)) 抵消之前的旋转，然后用 translate(-200, 0) 抵消平移，但是如果做了更复杂的变换，再一步步变换回去会很麻烦。幸运的是，有一种简单的办法。

Processing 有两个内置函数：pushMatrix() 可以保存某一时刻网格的方位，popMatrix() 可以使网格回到保存的方位。在本例中，我们要保存网格在画布中心时的方位。为此，将循环改为代码清单 5-8 中的那样。

```
for i in range(12):
    pushMatrix()  # 保存当前方位
    translate(200,0)
    rotate(radians(t))
    rect(0,0,50,50)
    popMatrix()  # 回到保存的方位
    rotate(radians(360/12))
```

函数 pushMatrix() 保存坐标系在画布中心时的位置和方向。然后，我们将坐标系平移到正方形所在的位置，旋转坐标系以便旋转正方形，然后画出正方形。然后用 popMatrix() 使坐标系回到画布中心并朝向之前的方向。最后将坐标系旋转 30 度，准备画下一个正方形，这也将是下一个被保存的方向。上述过程将重复 12 次。

5.4.4　使正方形绕中心旋转

前边的代码应该可以完美运行，但旋转的动作看着可能有点奇怪。这是因为 rect() 函数在默认模式下认为前两个参数是矩形左上角的坐标，网格以原点为中心旋转后会画出以原点为左上角的正方形。这样，正方形看起来就是在绕自己的左上角旋转。要想让正方形绕自己的中心旋转，在 setup() 函数中加入下面这行代码：

```
rectMode(CENTER)
```

注意，rectMode() 中参数 CENTER 的所有字母都要大写。（你也可以试试其他参数，比如 CORNER、CORNERS 和 RADIUS。）在 CENTER 模式下，rect() 函数的前两个参数被解释为正方形中心的坐标，后两个参数还是宽度和高度。坐标系以原点为中心旋转后，画出以原点为中心的正方形，这样正方形看起来就是在绕自己的中心旋转了。如果你想让正方形转得快一点儿，修改循环中第一个 rotate() 函数中的参数，增大每次旋转的角度，像这样：

```
rotate(radians(5*t))
```

这样 t 每增加 1，正方形转过的角度将会是原来转过角度的 5 倍。因此每个正方形每绕窗口中心公转一周，就会绕自己的中心自转 5 周，这个 5 就相当于正方形的自转频率。运行并看看更改后的效果吧！像下面的代码清单 5-9 那样，将循环外部的 rotate() 一行注释掉（在行前加一个井号），可以使正方形原地旋转。

```
translate(width/2,height/2)
#rotate(radians(t))
for i in range(12):
    rect(200,0,50,50)
```

由此可见，translate() 和 rotate() 这样的变换函数是制作动态图像的有力工具，但如果按照错误的顺序操作则可能会产生你不想要的结果！

5.5　制作一个可交互的彩虹网格

你已经学会了如何使用循环和旋转进行设计，下面可以创造一个超棒的图案：一系列呈网格状排列的正方形，它们会生成跟随鼠标的渐变彩虹色！第一步是画出网格。

5.5.1　画出呈网格状排列的对象

数学任务以及制作游戏（像扫雷）经常需要使用网格。对于一些模型以及第 11 章将构建的元胞自动机，网格都是必要的组成部分，所以我们需要学习如何编写可复用的网格制作程序。让我们从画一个由大小相同、间隔相等的正方形组成的 20×20 的网格开始吧。制作这样大小的网格似乎是一项很费时间的工作，但其实用循环就可以轻松办到。

在 Processing 中新建一个草图，将其保存为 colorGrid.pyde。很遗憾，我们之前用过 grid 这个名字了。我们将在一个白色的背景上画出这个 20×20 的正方形网格。画正方形要用 rect 函数，我们还将在一个 for 循环内使用另一个 for 循环，以确保正方形大小相同且间距相等。为了每隔 30 像素画一个 25 像素 ×25 像素的正方形，我们使用下面这行代码：

```
rect(30*x,30*y,25,25)
```

每当变量 x 或 y 的值增加 1，就会沿 x 轴或 y 轴的正方向画出一个正方形。两个相邻正方形左上角（因为是默认的 CORNER 模式）之间的距离是 30 像素，也就是说网格中正方形上下左右的间距都是 5 像素。我们将一如既往，从编写 setup() 和 draw() 函数开始，如代码清单 5-10 所示。

代码清单 5-10　Processing 草图的标准结构：setup() 和 draw() 函数（colorGrid.pyde）

```
def setup():
    size(600,600)

def draw():
    # 设置背景为白色
    background(255)
```

这段代码将显示窗口的大小设为 600 像素 ×600 像素，并将背景的颜色设为白色。接下来创建一个嵌套的循环，其中两个循环的变量都将从 0 增加到 19，遍历 20 个整数。这是因为需要将正方形排列成 20 行，每行 20 个。代码清单 5-11 展示了画出正方形网格的代码。

```
def setup():
    size(600,600)

def draw():
    # 设置背景为白色
    background(255)
    for x in range(20):
        for y in range(20):
            rect(30*x,30*y,25,25)
```

这个程序将创建一个如图 5-12 所示的 20×20 的正方形网格。是时候给它上色了。

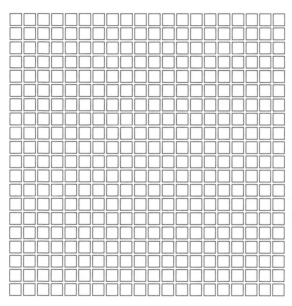

图 5-12　一个 20×20 的网格

5.5.2　给对象涂上彩虹色

Processing 的 colorMode() 函数可以帮我们给草图涂上很酷的颜色！这个函数用于切换 RGB 和 HSB 色彩模式。回想一下，RGB 模式用三个数分别表示红色、绿色和蓝色的强度。在 HSB 模式中，三个数则分别代表色相（hue）、饱和度（saturation）和明度（brightness）。这里，唯一要更改的是代表色相的第一个数。另外两个数可以保持最大值 255。图 5-13 展示了如何通过只改变色相来调出彩虹色。下面 10 个正方形的色相值都标注在其下方，它们的饱和度和明度都是 255。

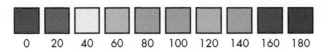

图 5-13　HSB 模式下彩虹色的色相值

因为在代码清单 5-11 中，每轮循环画出的正方形的左上角坐标都是 (30*x，30*y)，所以我们将创建一个表示鼠标和该位置之间距离的变量：

```
d = dist(30*x,30*y,mouseX,mouseY)
```

Processing 有一个计算两点之间距离的 dist() 函数，我们用它计算正方形左上角到鼠标的距离。函数的返回值被保存在名为 d 的变量中，我们要把这个距离和正方形的色相关联起来。代码清单 5-12 展示了新增的代码。

代码清单 5-12　使用 dist() 函数（colorGrid.pyde）

```
def setup():
    size(600,600)
    rectMode(CENTER)
❶  colorMode(HSB)

def draw():
    # 设置背景为黑色
❷  background(0)
    translate(20,20)
    for x in range(30):
        for y in range(30):
❸          d = dist(30*x,30*y,mouseX,mouseY)
            fill(0.5*d,255,255)
            rect(30*x,30*y,25,25)
```

我们在 setup() 函数中插入以 HSB 为参数的 colorMode() 函数（见 ❶）。在 draw() 函数中，先将背景颜色设为黑色（见 ❷），然后在内层循环中计算鼠标到正方形中心点 (30*x，30*y) 的距离（见 ❸）。下一行用 HSB 数设置填充色，色相值是距离的一半，而饱和度和明度都是最大值 255。

我们只改变了正方形的色相：根据正方形左上角到鼠标的距离设置该正方形的色相。我们用 dist() 函数算出这个距离，它接收四个参数：两个点的 x 坐标和 y 坐标。它的返回值是两个点之间的距离。

运行这个程序，你将看到一个如图 5-14 所示的色彩斑斓的动态图案，它会根据鼠标的位置变换色彩。

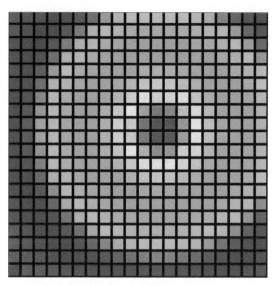

图 5-14　给网格上色

你已经学会了用 fill() 函数给对象填充颜色，下面来探索如何构建更复杂的形状。

5.6　用三角形画出复杂的图案

在本节中，我们将用三角形画出更复杂的万花尺（spirograph）风格图案。举个例子，图 5-15 中是一个通过旋转三角形得到的图案，创作人是奥斯陆大学的 Roger Antonsen。

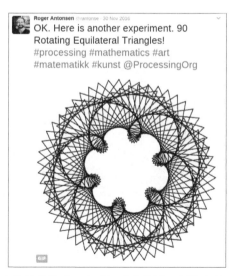

图 5-15　由 90 个旋转的等边三角形组成的草图，创作人是 Roger Antonsen。
　　　　可前往本书主页（ituring.cn/book/2783）下载动态图观看

原图是动态的，看书的时候你得想象三角形都在转动。这幅草图让我惊叹不已！虽然它看起来很复杂，但并不难制作。还记得本章开头 Nasrudin 关于砖头的玩笑吗？就像 Nasrudin 的房子一样，这个复杂的图案不过是将一些相同的形状组合在一起了而已。不过是什么形状呢？Antonsen 给我们留下了一个线索——他将草图命名为"90 个旋转的等边三角形"。这个名字告诉我们，我们需要弄清楚的只是如何画一个等边三角形，如何旋转它，以及如何对总共 90 个三角形重复以上步骤。我们先来看看如何用 triangle() 函数画一个等边三角形。新建一个 Processing 草图并将其保存为 triangles.pyde。代码清单 5-13 展示了一种画一个旋转的非等边三角形的方法。

代码清单 5-13　画一个旋转的三角形，但不是等边三角形（triangles.pyde）

```python
def setup():
    size(600,600)
    rectMode(CENTER)

t = 0

def draw():
    global t
    translate(width/2,height/2)
    rotate(radians(t))
    triangle(0,0,100,100,200,-200)
    t += 0.5
```

代码清单 5-13 使用了你之前学到的知识：它创建一个时间变量 t，将坐标系平移到要画出三角形的位置，并将坐标系旋转，然后画出三角形，最后使 t 递增 0.5。运行这段代码，你将看到如图 5-16 所示的图案。

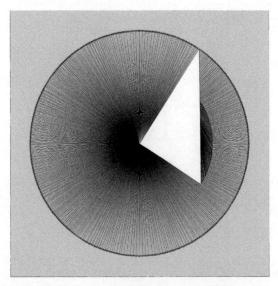

图 5-16　将三角形绕它的一个顶点旋转

从图 5-16 中可以看到，三角形以它的一个**顶点**（vertex）为中心旋转，从而用最靠外的顶点画出了一个圆。还可以看出这是一个直角三角形（有一个角是 90 度），而不是等边三角形。

要再现 Antonsen 的草图，需要画出等边三角形，也就是三条边长度相等的三角形。我们还需要找出等边三角形的中心，以便使三角形绕其中心旋转。为此，需要找出三角形三个顶点的位置。下面我们来讨论如何通过指定中心和顶点的位置来画出一个等边三角形。

5.6.1 30-60-90 三角形

要找出等边三角形三个顶点的位置，先来复习一种你很可能在几何课上见过的三角形：**30-60-90 三角形**。这是一种特殊的**直角三角形**。首先，需要一个等边三角形，如图 5-17 所示。

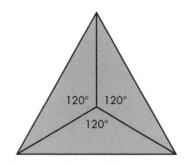

图 5-17　一个被三等分的等边三角形

这个等边三角形由三个相等的部分组成。中间的那个点是三角形的中心，三条分割线的夹角是 120 度。要在 Processing 中画出一个三角形，需要向 triangle() 函数提供六个数：三个顶点的 x 坐标和 y 坐标。要找出如图 5-17 所示的等边三角形的顶点坐标，可以将底部的子三角形对半切开，如图 5-18 所示。

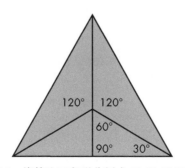

图 5-18　将等边三角形分割成 30-60-90 三角形

底部的三角形被分成了两个经典的 30-60-90 三角形。30-60-90 三角形三条边的比如图 5-19 所示。

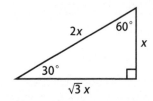

图 5-19　30-60-90 三角形边长的比，来自一道 SAT 试题

　　我们的函数将用到等边三角形中心到顶点的距离，而这个距离刚好是 30-60-90 三角形斜边的长度。如果将斜边的长度设为变量 length，那么短边的长度就是 length/2，长边的长度是 length 除以 2 再乘以 $\sqrt{3}$。图 5-20 放大显示了这个 30-60-90 三角形。

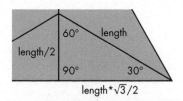

图 5-20　30-60-90 三角形的特写

　　有了这个特殊三角形三条边的比，就可以根据等边三角形的中心找到它的三个顶点，也就可以画出一个等边三角形了。如果以原点为等边三角形的中心，三个顶点的坐标将如图 5-21 所示。

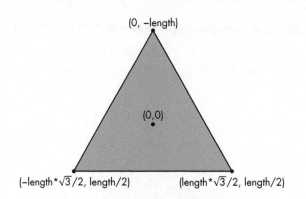

图 5-21　等边三角形的顶点坐标

　　可以看到，因为等边三角形在每条边上都可以分割出两个如图 5-20 所示的 30-60-90 三角形，所以可以利用这个特殊三角形的边长关系计算出等边三角形每个顶点的坐标。

5.6.2　画一个等边三角形

　　现在我们可以用根据 30-60-90 三角形的边长关系算出的顶点坐标画出等边三角形了，如代码清单 5-14 所示。

```
def setup():
    size(600,600)
    rectMode(CENTER)

t = 0

def draw():
    global t
    translate(width/2,height/2)
    rotate(radians(t))
    tri(200)   # 画出等边三角形
    t += 0.5

❶ def tri(length):
    ''' 围绕中心点画出等边三角形 '''
  ❷ triangle(0,-length,
            -length*sqrt(3)/2, length/2,
            length*sqrt(3)/2, length/2)
```

首先定义一个 tri() 函数，以变量 length 为参数（见 ❶），也就是分割等边三角形得到的 30-60-90 三角形的斜边。然后以之前算出的顶点坐标 (0，-length)、(-length*sqrt(3)/2, length/2) 和 (length*sqrt(3)/2, length/2) 作为 triangle() 函数的参数（见 ❷），画出等边三角形。

运行这段代码，你将看到如图 5-22 所示的图案。

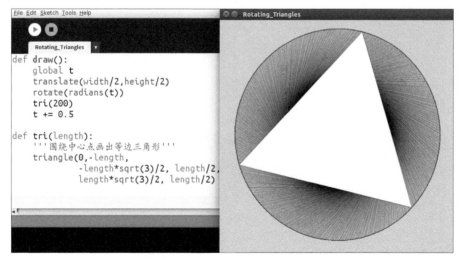

图 5-22　一个旋转的等边三角形

现在，我们可以在 draw() 函数的开始加入以下这行代码，覆盖在旋转过程中画出的三角形：

```
background(255)  # 白色
```

上一章提到 draw() 函数会在一个无限循环中被调用，这行代码会在某次循环中进入 draw() 时将画布变为白色，从而擦除上一次循环画出的三角形，于是我们只会看到当前循环画出的这一个三角形。下面我们只要像本章之前那样，用 rotate() 函数画出一圈 90 个这样的三角形。

练习 5-1：旋转圆圈

在一个 Processing 草图中画出一圈等边三角形，并用 rotate() 函数让它们绕自己的中心旋转。

5.6.3　画多个旋转的三角形

既然学会了如何旋转一个等边三角形，下面就该想想如何将多个等边三角形排列成一个圆圈了。这和之前画一圈旋转的圆形和正方形类似，只不过我们要使用的是 tri() 函数。输入代码清单 5-15 所示的代码然后运行。

代码清单 5-15　画出 90 个旋转的三角形（triangles.pyde）

```
def setup():
    size(600,600)
    rectMode(CENTER)

t = 0

def draw():
    global t
    background(255)  # 白色
    translate(width/2,height/2)
❶   for i in range(90):
        # 将三角形绕圆周等间距摆放
        rotate(radians(360/90))
❷       pushMatrix()  # 保存当前方位
        # 平移至圆周
        translate(200,0)
        # 旋转一定角度
        rotate(radians(t))
        # 画出三角形
        tri(100)
        # 回到保存的方位
❸       popMatrix()
    t += 0.5

def tri(length):
```

❹ noFill() # 设置三角形为透明

```
triangle(0,-length,
        -length*sqrt(3)/2, length/2,
        length*sqrt(3)/2, length/2)
```

在 ❶ 处，我们用 for 循环将 90 个三角形沿圆周画出，每次旋转 360/90 度以确保三角形均匀分布。在 ❷ 处，我们用 pushMatrix() 在移动网格前将它的方位保存下来。在循环末尾的 ❸，我们用 popMatrix() 使网格回到之前保存的方位。在 tri() 函数内的 ❹，加上一行 noFill() 使三角形透明，这样线条不会被其他三角形遮住。

现在我们有了 90 个旋转的透明三角形，但它们旋转的方式完全一致。它现在还不错，但不像 Antonsen 的那么酷。下面你将学习如何让每个三角形转得和相邻的三角形稍微不同，让图案变得更有趣。

5.6.4　给旋转加上相位偏移

我们可以通过引入**相移**（phase shift）改变三角形旋转的模式。它可以让每个三角形比上一个稍微慢一步，使草图呈现出"波浪"（wave）或"级联"（cascade）效果。每个三角形都对应了一个循环变量 i，我们可以把 i 加入 rotate(radians(t)) 中，像这样：

```
rotate(radians(t+i))
```

运行修改后的代码，结果看起来如图 5-23 所示。

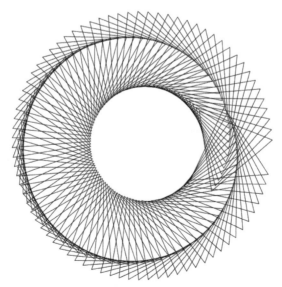

图 5-23　加上了相移的旋转

注意，这个图案右边有一处中断。这是因为最后一个三角形的下一个三角形的相位应该是 (t + 90)，它和第一个三角形的相位差是 90，而两个看起来相同的等边三角形的相位差应该是 120 的倍数。我们想要一个完美无瑕的图案，就要使第一个和最后一个形状的相位差达到 360 的倍数。因为有 90 个三角形，所以将 360 除以 90 再乘上 i：

```
rotate(radians(t+i*360/90))
```

计算 360/90 很简单，可以在代码中直接使用结果 4，但我还是用了这个表达式，以便之后改变三角形的数量。现在画出来的应该是一个如图 5-24 所示的完美无瑕的图案了。

图 5-24　无缝衔接的有相移的旋转三角形

通过使最大相移达到 360 的倍数，我们消除了图案中的中断。

5.6.5　将图案画完

要让我们的图案看起来像图 5-15 中的那样，还需要再改变一下相移。你可以自己尝试一下，看看如何改变草图的外观！

这里将 i 乘以 2 来改变相移，增大相邻三角形之间的相位差。将 rotate(radians(t+i*360/90)) 这行代码改成下面这样：

```
rotate(radians(t+2*i*360/90))
```

修改后运行，结果如图 5-25 所示。可以看到，我们的图案和想要重现的那个相当接近。

图 5-25　重现图 5-15 中 Antonsen 的 "90 个旋转的等边三角形"

你已经学会了如何画出这样的复杂图案，试试下面的练习，检验一下你的几何变换技巧。

练习 5-2：彩虹三角

用 stroke() 函数给每个三角形上色。结果应该像下面这样。

5.7 小结

你在本章中学习了如何画出形状，比如圆形、正方形和三角形；如何用 Processing 内置的变换函数将各种形状按不同的样式排列；如何将图像动画化；以及如何给形状上色。就像 Nasrudin 的房子不过是用一堆砖头砌成的一样，本章中一些复杂的图案也不过是一些简单形状或函数的组合。

下一章将在本章的基础上扩展你的技能，你将会使用三角函数，比如正弦（sin）和余弦（cos）。你将画出更酷的图案，编写出能实现更复杂功能的函数，比如画出轨迹，以及根据顶点画出任意形状。

第 6 章

用三角学制造振荡

我家有一个会摆动的风扇。它从左边摆到右边，又从右边摆到左边，看起来像是在摇头说："不。"所以我喜欢问它作为一个风扇会回答"不"的问题。"你能不能别吹乱我的头发？你能不能别吹乱我的文件？你有三档调节吗？骗子！"我的风扇对我撒谎了。

——Mitch Hedberg

三角学（trigonometry）从字面意义上讲就是研究三角形的学问。具体来说，它是对直角三角形及其各边之间存在的特殊比例的研究。根据传统课堂教授的三角学知识判断，你会觉得没有更多内容了。图 6-1 展示了一份典型的三角学家庭作业的一部分。

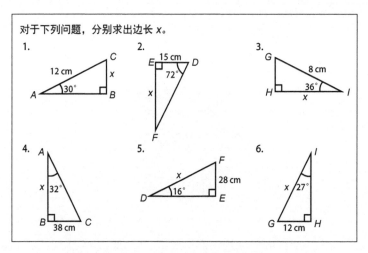

图 6-1　一个又一个计算边长的问题

　　这就是多数人记忆中三角学课上的任务，一般就是求一个三角形中未知的边长。**但在现实中，三角函数很少这样用。**更常见的是用正弦（sin）函数和余弦（cos）函数描述水波、光波和声波等的振荡运动。假如你将第 4 章里 grid.pyde 中的函数改成下面这样：

```
def f(x):
    return sin(x)
```

将得到如图 6-2 所示的输出。

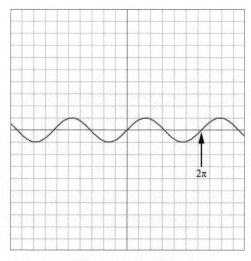

图 6-2　一个正弦波

x 轴上的值，也就是正弦函数的输入是弧度值，y 轴上的值则是输出。如果你用计算器或 Python shell 计算 sin(1)，会得到一个开头是 0.84 的很长的小数。它就是 $x = 1$ 时这条曲线的高度。这个点差不多在曲线的最高处。计算 sin(3)，你将得到 0.14...。从图中可以看到，$x = 3$ 的点几乎就在 x 轴上。输入其他 x 值，输出将会呈现出上下往返的模式，在 1 和 –1 之间**振荡** （oscillate）。x 的值每增加六个单位多一点儿，就会形成一个完整的波，我们称这些单位是一个 **波长**（wavelength），或者正弦函数的**周期**（period）。正弦函数的周期是 2π，在 Processing 和 Python 中大约是 6.28 弧度。在学校里，你学会画这样的波形图之后就不会更进一步了。但在本章中，你将用正弦函数、余弦函数和正切（tan）函数模拟实时的振荡运动。你还将利用三角学在 Processing 中制作一些动态、可交互的有趣草图。主要的三角函数如图 6-3 所示。

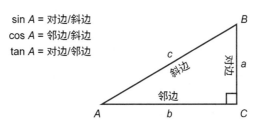

图 6-3　直角三角形边长之比

我们将用三角函数生成任意边数的多边形，以及任意（奇数）角数的星形。之后，你将根据一个绕圆周运动的点画出一个正弦波。你将画出万花尺和谐波图之类的图案，这也需要三角函数。你还将在一个圆的内外振荡出一个彩点波！

我们先来讨论三角函数是如何让变换、旋转以及振荡形状比以前容易得多的。

6.1　用三角学做旋转和振荡

首先，正弦和余弦让旋转变得轻而易举。图 6-3 中，sin A 被表示成对边的长除以斜边的长，即边 a 除以边 c：

$$\sin A = \frac{a}{c}$$

由此解出边 a，结果是斜边乘以角 A 的正弦：

$$a = c \sin A$$

因此，一个点的 y 坐标可以被表示为该点到原点的距离乘以它和 x 轴所成角的正弦值。想象一个半径为 r 的圆，一条长度为 r 的三角形斜边以点 $(0, 0)$ 为中心旋转，如图 6-4 所示。

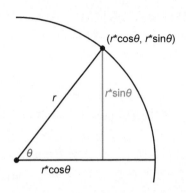

图 6-4 一个点的极坐标形式

要旋转一个点，我们保持圆的半径不变，只改变夹角 θ。计算机将完成困难的部分，将半径 r 乘以角 θ 的余弦或正弦，算出点的坐标。要记住，正弦函数和余弦函数期望输入以弧度为单位（注意不是角度）。好在你已经学过，用 Processing 的内置函数 radians() 和 degrees() 就可以很简单地转换成我们想要的单位。

6.2 编写画多边形的函数

将顶点看作围绕一个中心旋转的点，可以让画多边形变得很简单。回想一下，多边形（polygon）是有很多条边的图形，而**正多边形**（regular polygon）是通过连接沿圆周均匀分布的一定数量的点形成的。还记得我们在第 5 章中需要多少几何学知识来画一个正三角形吗？有了三角函数帮我们做旋转，只需要利用图 6-4 就可以编写出画多边形的函数了。

在 Processing 中新建一个草图，并将其保存为 polygon.pyde。然后输入代码清单 6-1 所示的代码，利用 vertex() 函数画出一个多边形。

代码清单 6-1　用 vertex() 函数画一个多边形（polygon.pyde）

```
def setup():
    size(600,600)

def draw():
    beginShape()
    vertex(100,100)
    vertex(100,200)
    vertex(200,200)
    vertex(200,100)
    vertex(150,50)
    endShape(CLOSE)
```

我们本可以用 line() 函数画，但是用线段连出形状之后，无法填充颜色。用 Processing 的 beginShape() 和 endShape() 函数可以定义出任何形状，只要用 vertex() 函数指出顶点的位置即可。这样就可以画出任意多顶点的形状了。

我们通常以 beginShape() 开始形状的定义，将形状所有顶点的位置交给 vertex() 函数，最后用 endShape() 结束定义。如果向 endShape() 提供了参数 CLOSE，程序会将最后一个顶点和第一个顶点连接起来。

运行这段代码，结果如图 6-5 所示。

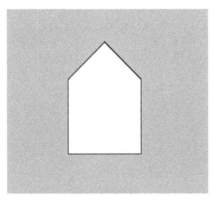

图 6-5　将顶点连接而形成的房屋形状

然而，手动输入四五个点就会很费力了。要是能用循环让顶点绕另一个点旋转就好了。下面就来试试。

6.2.1　用循环画一个正六边形

我们来试试代码清单 6-2，用一个 for 循环画出正六边形的六个顶点。

代码清单 6-2　尝试在 for 循环中使用 rotate() 函数（polygon.pyde）

```
def draw():
    translate(width/2,height/2)
    beginShape()
    for i in range(6):
        vertex(100,100)
        rotate(radians(60))
    endShape(CLOSE)
```

然而，运行它之后你会发现窗口中什么也没有！你不能在一个形状的定义内部使用 rotate()，因为这个函数会旋转整个坐标系。这也正是为什么我们需要图 6-4 里点坐标的正弦和余弦形式来旋转顶点！

图 6-6 展示了表达式 (r*cos(60*i), r*sin(60*i)) 是如何画出正六边形的每个顶点的。当 i = 0 时，内层括号中的角度是 0；当 i = 1 时，该角度是 60；以此类推。

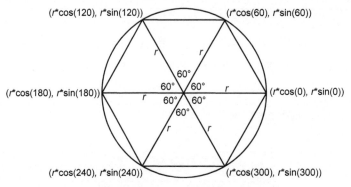

图 6-6　用正弦函数和余弦函数使点绕中心旋转

要写出画正六边形的代码，需要创建一个变量 r。它表示顶点到中心的距离，并且值不变。我们唯一要改变的是 sin() 和 cos() 函数内的角度，这些角度都是 60 的倍数。一般来说可以这样写：

```
for i in range(6):
    vertex(r*cos(60*i),r*sin(60*i))
```

首先，让 i 从 0 增加到 5，这样每个顶点转过的角度都是 60 的倍数（0、60、120 等），如图 6-6 所示。我们把 r 改成 100，然后将角度转换成弧度，完整的代码如代码清单 6-3 所示。

代码清单 6-3　画一个正六边形（polygon.pyde）

```
def setup():
    size(600,600)

def draw():
    translate(width/2,height/2)
    beginShape()
    for i in range(6):
        vertex(100*cos(radians(60*i)),
                100*sin(radians(60*i)))
    endShape(CLOSE)
```

运行这段代码，应该可以看到如图 6-7 所示的正六边形。

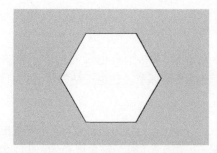

图 6-7　一个用 vertex() 函数和 for 循环画出的正六边形

实际上我们可以用这种方法画出**任何**正多边形!

6.2.2 画一个正三角形

接下来用这个函数画一个正三角形。代码清单 6-4 展示了一种简单方法,它使用了循环而不是像第 5 章中那样用平方根。

代码清单 6-4 画一个正三角形(polygon.pyde)

```
def setup():
    size(600,600)

def draw():
    translate(width/2,height/2)
    polygon(3,100)  # 三条边,顶点距中心 100 个单位

def polygon(sides,sz):
    ''' 给定边的条数和顶点到中心的距离,画一个正多边形 '''
    beginShape()
    for i in range(sides):
        step = radians(360/sides)
            vertex(sz*cos(i * step),
                   sz*sin(i * step))
    endShape(CLOSE)
```

在本例中,我们定义了一个以边的条数(sides)和多边形大小(sz,即顶点到中心的距离)为参数的 polygon() 函数。每个顶点要旋转的角度是 360 除以 sides。对于前面的正六边形,我们转了 60 度,因为有六条边(360/6 = 60)。polygon(3, 100) 这行调用这个函数,并提供两个输入:3 是边的条数,100 是顶点到中心的距离。

运行这段代码,结果如图 6-8 所示。

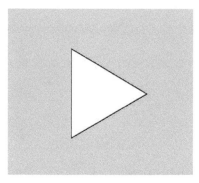

图 6-8 一个正三角形

现在画任意边数的正多边形应该相当容易,不需要什么平方根了! 图 6-9 是一些用 polygon() 函数画出的正多边形。

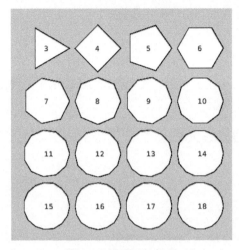

图 6-9　你想要的都有

试试别的参数，看 polygon() 函数画出来的正多边形的形状是如何变化的！

6.3　画正弦波

正弦和余弦是用来旋转和振荡的，就像本章开头 Mitch Hedberg 的风扇一样。正弦函数和余弦函数展示了圆周上某个点的高度随时间的变化情况。为了具体说明，我们来画一个圆，在圆周上放置一个点（红色的小椭圆）。当这个点沿着圆周匀速运动时，画出它的高度随时间变化的图像，结果会是一个正弦波。

新建一个 Processing 草图，并将其保存为 CircleSineWave.pyde。在窗口左侧画一个大圆，如图 6-10 所示。在看代码之前，先自己尝试编写一下吧。

图 6-10　正弦波草图的开始

代码清单 6-5 显示了如何在大圆的圆周上画出一个红点。

```python
r1 = 100  # 大圆半径
r2 = 10  # 小圆半径
t = 0  # 时间变量

def setup():
    size(600,600)

def draw():
    background(200)
    # 平移至窗口左半边中央位置
    translate(width/4,height/2)
    noFill()  # 不给大圆填色
    stroke(0)  # 黑色轮廓
    ellipse(0,0,2*r1,2*r1)

    # 转圈的小圆：
    fill(255,0,0)  # 红色
    y = r1*sin(t)
    x = r1*cos(t)
    ellipse(x,y,r2,r2)
```

首先，定义大圆和小圆的半径，以及表示点运动时间的变量 t。在 draw() 函数中，将背景设为灰色（200），然后平移到窗口中央，画出以 r1 为半径的大圆。接下来，利用点的极坐标画出小圆。

要让小圆沿圆周做匀速运动，我们只需要改变三角函数中的参数 t。在 draw() 函数的最后，让时间变量 t 的值增加一点儿，像这样：

```python
    t += 0.05
```

运行这段代码，会得到异常 UnboundLocalError。和第 4 章中的情况一样，因为复合赋值语句 t += 0.5 的出现，draw() 函数认为变量 t 是一个局部变量，就会引用这个未被初始化的变量。r1 和 r2 在 draw() 函数中没有被赋值，因此会被当作全局变量来引用。我们想让 draw() 函数引用的 t 是全局变量，因此需要在 draw() 函数的开头加上下面这一行：

```python
global t
```

这样你就可以看到一个沿着大圆的圆周做匀速运动的红色小圆了，如图 6-11 所示。

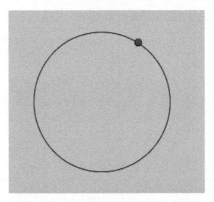

图 6-11　沿大圆圆周运动的小红圆

现在，我们需要在窗口右边选一块地方画波了。我们从小红圆延伸出一条水平的绿线到 $x = 200$ 的位置。在 draw() 函数内 t += 0.05 前加上画这条绿线的代码，如代码清单 6-6 所示。

代码清单 6-6　加上一条绿线（CircleSineWave.pyde）

```
r1 = 100  # 大圆半径
r2 = 10  # 小圆半径
t = 0  # 时间变量

def setup():
    size(600,600)

def draw():
    global t
    background(200)
    # 平移至窗口左半边中央位置
    translate(width/4,height/2)
    noFill()  # 不给大圆填色
    stroke(0)  # 黑色轮廓
    ellipse(0,0,2*r1,2*r1)

    # 转圈的小圆：
    fill(255,0,0)  # 红色
    y = r1*sin(t)
    x = r1*cos(t)
    ellipse(x,y,r2,r2)

    stroke(0,255,0)  # 给线段涂上绿色
    line(x,y,200,y)
    fill(0,255,0)  # 给小圆涂上绿色
    ellipse(200,y,10,10)

    t += 0.05
```

我们画出的绿线从小红圆出发，并且是水平的。因此，随着小红圆高度的增加和减少，小绿圆的高度始终和它保持一致。运行这个程序，你会看到像图 6-12 那样的图像。

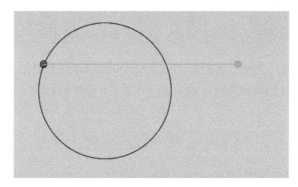

图 6-12　准备画出波了

可以看出，我们加的这个小绿圆只测量小红圆上下移动的距离，不做其他事情。

6.3.1　圆过留痕

现在我们要让小绿圆留下痕迹，这样就可以显示出它的高度是如何随时间变化的了。让它留下痕迹其实就是画出它的轨迹——记录每次循环结束时它的高度，然后显示出来。想要保存一堆东西，比如数、字母、单词和点等，我们需要一个**列表**（list）。在程序的开头 setup() 函数之前，也就是我们创建变量的地方，加上下面这行：

```
circleList = []
```

这行代码创建了一个空列表，我们将在其中保存小绿圆的纵坐标。在 draw() 函数的 global 一行中加入变量 circleList：

```
global t, circleList
```

在 draw() 函数中计算出 x 和 y 的值后，需要将 y 坐标加入 circleList 中。有几种不同的方法可以做到这一点。你已经知道了 append() 方法，但它会把元素附加到列表的末尾。还可以用 insert() 方法，将新元素插入列表的开头，像这样：

```
circleList.insert(0,y)
```

然而，这个列表会随着循环的进行而逐渐变长。我们可以将新元素添加到已含有 249 项的列表中，从而将列表长度限制在 250（600−150−200 = 250），如代码清单 6-7 所示。

代码清单 6-7　向列表添加 y 坐标并使其元素个数上限为 250

```
y = r1*sin(t)
x = r1*cos(t)
# 将 y 坐标加入列表：
circleList = [y] + circleList[:249]
```

新加的这行代码把新列表（只含有新计算出的 *y* 坐标这一个元素）和 circleList 的前 249 项拼接了起来。得到的列表含有 250 个元素，成为了新的 circleList。

在 draw() 函数的末尾（递增 t 之前），我们用一个 for 循环遍历 circleList 中的 *y* 坐标，并根据它画出新的小绿圆。这样看起来就好像小绿圆留下了一条轨迹。这一部分代码如代码清单 6-8 所示。

代码清单 6-8　遍历 *y* 坐标列表并根据每个 *y* 坐标画一个小绿圆

```
# 遍历 circleList 画出轨迹：
for i in range(len(circleList)):
    # 作为轨迹的小绿圆：
    ellipse(200+i,circleList[i],5,5)
```

这段代码用一个循环为列表中的每个 *y* 坐标画出一个小绿圆，循环变量 i 的值从 0 增加到 circleList 的长度。小绿圆圆心的 *x* 坐标从 200 开始，随 i 递增。圆心的 *y* 坐标就是我们保存在 circleList 中的 *y* 坐标。

运行程序，可以看到如图 6-13 所示的结果。

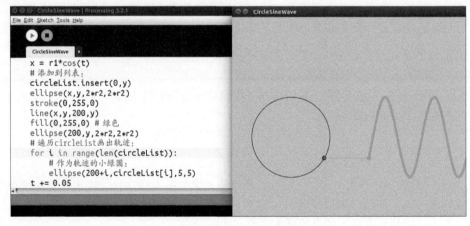

图 6-13　一个正弦波

可以看到，小绿圆留下的痕迹形成了一个绿色的正弦波。

6.3.2　使用 Python 内置的 enumerate() 函数

你也可以利用 Python 内置的 enumerate() 函数根据列表的每个 *y* 坐标画出小绿圆。这个函数提供了一种更方便、更具 Python 风格的方法，来获取列表中元素的索引和值。在 IDLE 中输入代码清单 6-9 所示的代码，看看 enumerate() 的实际效果。

```
>>> myList = ["I","love","using","Python"]
>>> for index, value in enumerate(myList):
        print(index,value)

0 I
1 love
2 using
3 Python
```

可以看到循环变量不再是一个（i），而是两个（index 和 value）。要将 enumerate() 函数用在 circleList 上，可以像下面的代码清单 6-10 这样做。

代码清单 6-10　用 enumerate() 获取列表元素的索引和值

```
# 遍历 circleList 画出轨迹：
for i,c in enumerate(circleList):
    # 作为轨迹的小绿圆：
    ellipse(200+i,c,5,5)
```

最终的代码如代码清单 6-11 所示。

代码清单 6-11　CircleSineWave.pyde 的最终版本

```
r1 = 100  # 大圆半径
r2 = 10  # 小圆半径
t = 0  # 时间变量
circleList = []

def setup():
    size(600,600)

def draw():
    global t, circleList
    background(200)
    # 平移至窗口左半边中央位置
    translate(width/4,height/2)
    noFill()  # 不给大圆填色
    stroke(0)  # 黑色轮廓
    ellipse(0,0,2*r1,2*r1)

    # 转圈的小圆：
    fill(255,0,0)  # 红色
    y = r1*sin(t)
    x = r1*cos(t)
    # 将点添加至列表：
    circleList = [y] + circleList[:245]

    ellipse(x,y,r2,r2)
    stroke(0,255,0)  # 给线段涂上绿色
    line(x,y,200,y)
```

```
    fill(0,255,0)  # 给小圆涂上绿色
    ellipse(200,y,10,10)
    # 遍历 circleList 画出轨迹：
    for i,c in enumerate(circleList):
        #作为轨迹的小绿圆：
        ellipse(200+i,c,5,5)

    t += 0.05
```

这就是常被展示给初学三角函数的学生的动画，恭喜你做出了你自己的版本！

6.4　编写万花尺程序

既然学会了如何绕圆周旋转以及画出轨迹，我们来做一个万花尺模拟器吧！**万花尺**（spirograph）是一种玩具，一般由大的环形内齿轮和小的圆形外齿轮组成，小齿轮上有孔，可以将笔插进去画出很酷的曲线图案。很多人小时候玩过万花尺，用手来画出图案。不过现在，我们可以用计算机和你刚刚学到的正弦函数和余弦函数画出万花尺类型的图案。

首先在 Processing 中新建一个名为 spirograph.pyde 的草图。输入代码清单 6-12 所示的代码。

代码清单 6-12　画出大圆（spirograph.pyde）

```
r1 = 300.0  # 大圆的半径
r2 = 175.0  # 小圆的半径
r3 = 5.0  # "画图孔"的半径
# 大圆的位置
x1 = 0
y1 = 0
t = 0  # 时间变量
points = []  # 用来存放点的空列表

def setup():
    size(600,600)

def draw():
    global t
    translate(width/2,height/2)
    background(255)
    noFill()
    # 大圆
    stroke(0)
    ellipse(x1,y1,2*r1,2*r1)
```

我们在窗口中央画出了一个大圆，接下来要贴着它的圆周在内侧画一个小圆，就像万花尺一样。

6.4.1 画小圆

我们来把小圆沿着大圆圆周放在大圆内部，如图 6-14 所示。

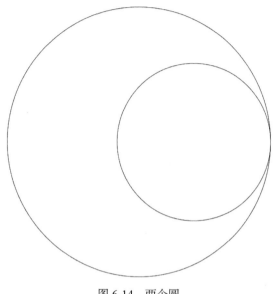

图 6-14　两个圆

接下来，还要让小圆贴着大圆圆周内侧旋转，和万花尺一样。向程序添加代码清单 6-13 中的代码，画出小圆。

代码清单 6-13　加上小圆

```
# 大圆
stroke(0)
ellipse(x1,y1,2*r1,2*r1)

# 小圆
x2 = (r1 - r2)
y2 = 0
ellipse(x2,y2,2*r2,2*r2)
```

要让小圆在大圆内旋转，我们需要向代码中的"小圆"部分加入正弦函数和余弦函数，让小圆振荡起来（即做圆周运动）。

6.4.2 旋转小圆

最后，在 draw() 函数的末尾递增时间变量 t，如代码清单 6-14 所示。

```
# 大圆
stroke(0)
ellipse(x1,y1,2*r1,2*r1)
# 小圆
x2 = (r1 - r2)*cos(t)
y2 = (r1 - r2)*sin(t)
ellipse(x2,y2,2*r2,2*r2)
t += 0.05
```

这意味着小圆的圆心会上下振荡、左右振荡，在大圆的内部做匀速圆周运动。运行程序，可以看到小圆转得很好！但是齿轮上用来插笔画出轨迹的孔呢？我们将创建第三个圆来代表那个孔，其圆心的位置将是小圆圆心的位置加上它们的半径之差。代码清单 6-15 展示了这个"画图孔"的代码。

代码清单 6-15　加上画图孔

```
# 画图孔
x3 = x2+(r2 - r3)*cos(t)
y3 = y2+(r2 - r3)*sin(t)
fill(255,0,0)
ellipse(x3,y3,2*r3,2*r3)
```

运行程序，你将看到画图孔紧贴小圆的圆周内侧旋转，就像小圆贴着大圆的圆周内侧运动一样。画图孔的圆心到小圆圆心的距离和到小圆圆周的最短距离之间应该有一定的比例，所以我们要在 setup() 函数前引入一个比例变量 prop，如代码清单 6-16 所示。

代码清单 6-16　加上比例变量

```
prop = 0.9
--snip--
x3 = x2+prop*(r2 - r3)*cos(t)
y3 = y2+prop*(r2 - r3)*sin(t)
```

现在我们得想想画图孔要转多快了。只需要一点儿代数知识就可以证明，它的角速度（也就是旋转的速度）是大圆和小圆的半径之比。[1] 将 draw() 函数中 x3 和 y3 的表达式改成下面这样，注意负号是因为小孔和小圆圆心旋转的方向相反[2]：

```
x3 = x2+prop*(r2 - r3)*cos(-((r1-r2)/r2)*t)
y3 = y2+prop*(r2 - r3)*sin(-((r1-r2)/r2)*t)
```

---

① 小孔的角速度也是小圆的角速度。小圆公转的角速度乘以单位时间，得到小圆转过的弧度；乘以大圆半径，得到转动前后小圆和大圆接触的点形成的弧长，即单位时间小圆上一点转过的长度，也就是小圆自转的线速度；再除以小圆的半径，就是小圆自转的角速度。因此小孔的角速度是小圆圆心转动的速度乘以大圆和小圆半径的比值。原文说"它的角速度是大圆和小圆半径之比"是因为小圆圆心转动的速度是1。——译者注

② (r1-r2)/r2*t 是因为小圆发生了公转，自转转过的角度不是和水平面的夹角，通过几何知识可知要减去公转转过的角度。——译者注

剩下的就是将 (x3，y3) 保存到 points 列表中，并将列表中的点用线段连接起来。在声明全局变量的那一行加上 points：

```
global t,points
```

画出小孔后，将它的圆心坐标放到 points 列表中。这一步和之前在 CircleSineWave.pyde 中的做法相同。最后遍历列表，将相邻的元素用线段连接起来，如代码清单 6-17 所示。

代码清单 6-17　连点画出万花尺图

```
fill(255,0,0)
ellipse(x3,y3,2*r3,2*r3)
# 将点添加至列表
points = [[x3, y3]] + points[:2000]
for i,p in enumerate(points):  # 遍历点坐标列表
    if i < len(points)-1:  # 直到倒数第二个点
        stroke(255,0,0)  # 两点间用红线连接
        line(p[0],p[1],points[i+1][0],points[i+1][1])

t += 0.05
```

在之前画正弦波的例子中，我们用了类似的技巧将点的坐标加入列表中。我们将一个只含有当前坐标的列表和 points 的前 2000 个元素拼接起来。这样就自动限制了坐标列表存放的元素个数。运行程序，看着它画出的万花尺图，如图 6-15 所示。

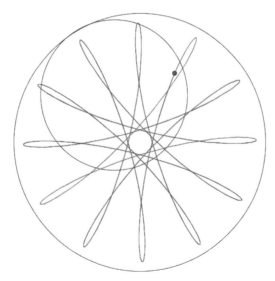

图 6-15　画出的万花尺图

你可以改变小圆的半径（r2）以及小孔的位置（prop）来画出不同的图案。比如，图 6-16 展示了将 r2 改为 105 并将 prop 改为 0.8 的效果。

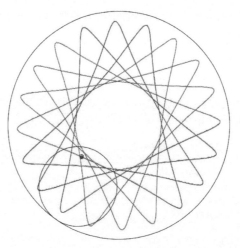

图 6-16　改变 r2 和 prop 后画出的万花尺图

到目前为止，我们都是在用正弦函数和余弦函数让形状上下振荡或左右振荡。如果要让形状同时在两个不同的方向上振荡呢？下面就来试试。

6.5　画谐波图

在 19 世纪，有一种叫作**谐波记录仪**（harmonograph）的发明，它其实是一个桌子连着两个钟摆，钟摆摆动时，附在上面的笔会在纸上划出痕迹。随着钟摆来回摆动的幅度逐渐**衰减**（decay），画出的图案会发生有趣的变化，如图 6-17 所示。

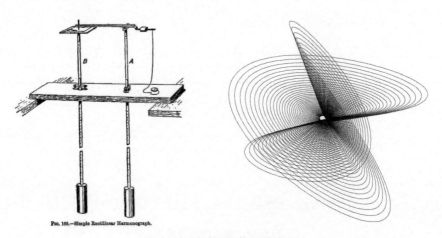

图 6-17　谐波记录仪和谐波图

通过编程和一些方程，我们可以模拟谐波记录仪画出图案的过程。模拟钟摆振动的两个方程如下：

$$x = a * \cos(ft + p)\mathrm{e}^{-dt}$$
$$y = a * \sin(ft + p)\mathrm{e}^{-dt}$$

在这两个方程中，x 和 y 分别代表画笔在水平和垂直方向上的位移（左 / 右和上 / 下的距离）。变量 a 是运动的幅度，f 是钟摆摆动的频率，t 是经过的时间，p 是相位移，e 是自然对数的底数（一个值约为 2.7 的常数），d 是衰减系数（衡量钟摆变慢的速度）。两个方程的时间变量 t 当然是一样的，但其他变量都可以不一样：比如左 / 右方向振动的频率和上 / 下方向的可以不同。

6.5.1　编写画谐波图的程序

我们来创建一个模拟钟摆运动的 Processing 草图。新建草图并将其命名为 harmonograph.pyde。代码清单 6-18 展示了初始的代码。

代码清单 6-18　谐波图草图的初始代码（harmonograph.pyde）

```
t = 0

def setup():
    size(600,600)
    noStroke()

def draw():
    global t
❶   a1,a2 = 100,200  # 幅度
    f1,f2 = 1,2  # 频率
    p1,p2 = 0,PI/2  # 相位移
    d1,d2 = 0.02,0.02  # 衰减常数
    background(255)
    translate(width/2,height/2)
❷   x = a1*cos(f1*t + p1)*exp(-d1*t)
    y = a2*cos(f2*t + p2)*exp(-d2*t)
    fill(0) # 黑色
    ellipse(x,y,5,5)
    t += .1
```

这不过是寻常的 setup() 和 draw() 函数，以及一个时间变量（t）和幅度（a1,a2）、频率（f1,f2）、相移（p1,p2）、衰减常数（d1,d2）的值。

从 ❶ 开始，我们定义了一堆要代入两个方程的变量。x = 和 y = 这两行（见 ❷）用这些变量计算出了椭圆（也就是画笔）的坐标。

运行这段代码，可以看到小圆在动，但它在画什么呢？我们得把坐标存放到一个列表里，然后将以相邻坐标为端点的线段画出来。在变量 t 的定义后面，创建一个名为 points 的空列表。代码清单 6-19 展示了新的代码。

```
t = 0
points = []

def setup():
    size(600,600)
    noStroke()

def draw():
    global t,points
    a1,a2 = 100,200
    f1,f2 = 1,2
    p1,p2 = 0,PI/2
    d1,d2 = 0.02,0.02
    background(255)
    translate(width/2,height/2)
    x = a1*cos(f1*t + p1)*exp(-d1*t)
    y = a2*cos(f2*t + p2)*exp(-d2*t)
    # 把坐标存放在 points 列表中
    points.append([x,y])
    # 遍历 points 列表并在相邻坐标之间连线
    for i,p in enumerate(points):
        stroke(0)  # 黑色
        if i < len(points) - 1:
            line(p[0],p[1],points[i+1][0],points[i+1][1])
    t += 0.1
```

首先，在文件开头定义 points 列表，并在 draw() 函数中将 points 添加为全局变量。在计算 x 和 y 的值的代码后面，我们加了一行把坐标 [x,y] 添加到 points 列表的代码。最后，用 enumerate() 函数遍历 points 列表，画出除最后一个点之外的每个点和下一个点之间的连线，因为引用列表最后一个元素的下一个元素会得到索引越界的错误。运行程序，可以看到点留下的轨迹如图 6-18 所示。

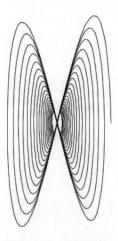

图 6-18　谐波图

注意，如果像下面这样把公式中的衰减部分注释掉，程序会重复地画同一条曲线。

```
x = a1*cos(f1*t + p1)#*exp(-d1*t)
y = a2*cos(f2*t + p2)#*exp(-d2*t)
```

衰减部分模拟了钟摆振幅的逐渐减小，正是它造成了诸多谐波图的"扇贝状"效果。看着程序画出图案虽然感觉不错，但实在是有点浪费时间。能不能一次性填充好 points 列表呢？

6.5.2　瞬间填好列表

与其每计算出一个坐标就重新画出整个列表，不如先将所有坐标填充到列表中再画出图案。将 draw() 函数中"谐波图"部分的代码剪切出来，并将其定义为一个新的函数，如代码清单 6-20 所示。

代码清单 6-20　分离出 harmonograph() 函数

```
def harmonograph(t):
    a1,a2 = 100,200
    f1,f2 = 1,2
    p1,p2 = PI/6,PI/2
    d1,d2 = 0.02,0.02
    x = a1*cos(f1*t + p1)*exp(-d1*t)
    y = a2*cos(f2*t + p2)*exp(-d2*t)
    return [x,y]
```

现在在 draw() 函数中，只需要用一个循环将不同时刻的坐标加入列表即可，如代码清单 6-21 所示。

代码清单 6-21　新的 draw() 函数，调用了 harmonograph() 函数

```
def draw():
    background(255)
    translate(width/2,height/2)
    points = []
    t = 0
    while t < 1000:
        points.append(harmonograph(t))
        t += 0.01

    # 遍历 points 列表并在相邻坐标之间连线
    for i,p in enumerate(points):
        stroke(0)  # 黑色
        if i < len(points) - 1:
            line(p[0],p[1],points[i+1][0],points[i+1][1])
```

运行这个程序，你马上就能看到一幅完整的谐波图！不过因为我们改变了 p1（即 x 方向上的相移），画出的图和上一个不一样，如图 6-19 所示。你可以自己改变每个参数，看看图案是怎样变化的！

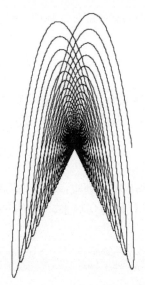

图 6-19　改变一个参数后画出的谐波图

6.5.3　两个钟摆比一个强

我们可以再加一个钟摆，画出更复杂的图案。给每个公式再加一项，像这样：

```
x = a1*cos(f1*t + p1)*exp(-d1*t) + a3*cos(f3*t + p3)*exp(-d3*t)
y = a2*sin(f2*t + p2)*exp(-d2*t) + a4*sin(f4*t + p4)*exp(-d4*t)
```

每一行都加上了形式相同但参数不同的一项，从而模拟每个方向上的两个钟摆。当然，你还得创建相应的变量，并赋给它们合适的值。代码清单 6-22 中用到的参数参考了 WALKING RANDOMLY 网站上的一个图案（文章"Simulating Harmonographs"中的第三幅图）。

代码清单 6-22　画出图 6-20 所示图案的代码

```
def harmonograph(t):
    a1=a2=a3=a4 = 100
    f1,f2,f3,f4 = 2.01,3,3,2
    p1,p2,p3,p4 = -PI/2,0,-PI/16,0
    d1,d2,d3,d4 = 0.00085,0.0065,0,0
    x = a1*cos(f1*t + p1)*exp(-d1*t) + a3*cos(f3*t + p3)*exp(-d3*t)
    y = a2*sin(f2*t + p2)*exp(-d2*t) + a4*sin(f4*t + p4)*exp(-d4*t)
    return [x,y]
```

在代码清单 6-22 中，我们用了和之前不同的 a、f、p 和 d 的值，画出了完全不同的图案。在画线的代码前加上一行 stroke(255,0,0) 就可以画出红色的线，如图 6-20 所示。

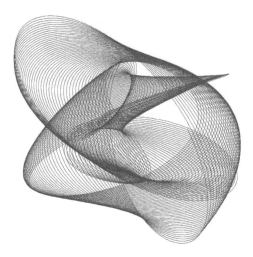

图 6-20　一幅完整的谐波图

代码清单 6-23 展示了 harmonograph.pyde 的最终版本。

代码清单 6-23　harmonograph 草图的最终代码（harmonograph.pyde）

```
t = 0
points = []

def setup():
    size(600,600)
    noStroke()

def draw():
    background(255)
    translate(width/2,height/2)
    points = []
    t = 0
    while t < 300:
        points.append(harmonograph(t))
        t += 0.01

    # 遍历 points 列表并在相邻坐标之间连线
    for i,p in enumerate(points):
        stroke(255,0,0)  # 红色
        if i < len(points) - 1:
            line(p[0],p[1],points[i+1][0],points[i+1][1])

def harmonograph(t):
    a1=a2=a3=a4 = 100
    f1,f2,f3,f4 = 2.01,3,3,2
    p1,p2,p3,p4 = -PI/2,0,-PI/16,0
    d1,d2,d3,d4 = 0.00085,0.0065,0,0
    x = a1*cos(f1*t + p1)*exp(-d1*t) + a3*cos(f3*t + p3)*exp(-d3*t)
    y = a2*sin(f2*t + p2)*exp(-d2*t) + a4*sin(f4*t + p4)*exp(-d4*t)
    return [x,y]
```

6.6 小结

在三角学课堂上，学生需要求出三角形某条边的长度或某个角的度数。但现在你知道了，正弦函数和余弦函数的**真正**用途在于旋转点和形状，画出万花尺图和谐波图！在本章中，你见识到了将坐标保存到列表中再遍历列表来画出点之间的连线多么有用。我们还复习了 enumerate() 和 vertex() 等工具的用法。

在下一章中，我们将使用正弦函数和余弦函数以及你在本章中学到的旋转概念发明一种全新的数！我们还将用这些新的数旋转网格，并用像素的位置制作复杂的艺术作品！

第 7 章

复数

虚数是奇妙的人类精神寄托，它好像是存在与不存在之间的
一种两栖动物。

——戈特弗里德·莱布尼茨

含有 –1 的平方根的数在数学课上被赋予了一个不恰当的名字——
虚数（imaginary number）。–1 的平方根就是虚数单位 i。说一个东西
是"虚的"就好像它不存在或没必要存在一样。但虚数是确实存在的，
并且在电磁学等领域中有很多实际应用。

在本章中，你将领略用**复数**（complex number）创造的各种美丽的艺术作品。复数就是形
如 $a + bi$、同时拥有实数和虚数部分的数，其中 a 和 b 是实数，i 是虚数。因为复数拥有两块不
同的信息（虚部和实部），所以可以用来将一维的对象变成二维的。用 Python 操作这些数很简单，
便于我们做一些奇妙的事情。事实上，我们用复数来解释电子和光子的行为，而且我们认为自然、
"正常"的数其实是虚部为零的复数！

我们首先学习如何在复平面上标出复数。你还将学到如何用 Python 列表来表示复数，以及
编写将它们相加和相乘的函数。最后，你还会学习如何计算复数的大小，或者说绝对值。知道
如何操作复数会对本章稍后编写制作芒德布罗集和茹利亚集的程序很有帮助。

7.1　复数坐标系

正如 Frank Farris 在其精巧而优美的著作 *Creating Symmetry* 中总结的那样："复数……不过是一种将笛卡儿有序实数对 (x, y) 紧凑地表示为一个数 $z = x + iy$ 的方式。"我们都知道笛卡儿坐标系用 x 表示横轴、用 y 表示纵轴，但我们从来不把这些坐标相加或相乘，只用其表示位置。

相反，复数不仅可以表示位置，还可以像其他数一样用于运算。从几何角度看待复数会很有帮助。我们稍微改一下笛卡儿坐标系，让横轴表示实数、纵轴表示虚数，如图 7-1 所示。

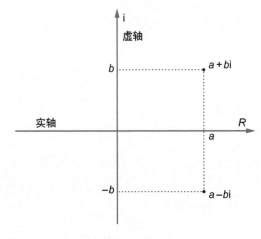

图 7-1　复数坐标系

这里，你可以看到 $a + bi$ 和 $a–bi$ 在复数坐标系中的位置。

7.2　将复数相加

加减复数和加减实数是一样的：从一个数开始，前进另一个数所表示的步数。例如，要将 $2 + 3i$ 和 $4 + i$ 相加，只要分别将其实部和虚部相加即可，得到 $6 + 4i$，如图 7-2 所示。

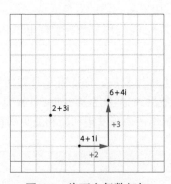

图 7-2　将两个复数相加

可以看到，我们从 4 + i 出发。要加上 2 + 3i，我们沿实轴正方向前进两个单位，沿虚轴正方向前进三个单位，最终到达 6 + 4i。

我们来用代码清单 7-1 所示的代码编写一个将两个复数相加的函数。在 IDLE 中新建一个文件，将其命名为 complex.py。

代码清单 7-1 将两个复数相加的函数

```
def cAdd(a,b):
    ''' 将两个复数相加 '''
    return [a[0]+b[0],a[1]+b[1]]
```

这里定义一个名为 cAdd() 的函数，传递给它两个形式为列表 [x,y] 的复数。它会返回另一个列表，其中的第一项 a[0]+b[0] 是两个复数的第一项（索引为 0）之和，第二项 a[1]+b[1] 是两个复数的第二项（索引为 1）之和。保存并运行这个程序。

下面用复数 $u = 1 + 2i$ 和 $v = 3 + 4i$ 测试这个程序。在交互式 shell 中将它们代入 cAdd() 函数，像这样：

```
>>> u = [1,2]
>>> v = [3,4]
>>> cAdd(u,v)
[4, 6]
```

结果应该是 4 + 6i。将复数相加就像先在 x 方向上前进，然后在 y 方向上前进。当我们制作芒德布罗集和茹利亚集的图像时，会再次用到这个函数。

7.3 将一个复数乘以 i

将复数相加不算是最有用的，相乘才是。例如，将一个复数和 i 相乘，会使这个复数绕原点旋转 90 度。在复数坐标平面上，将一个实数乘以 –1 会将它绕原点旋转 180 度，如图 7-3 所示。

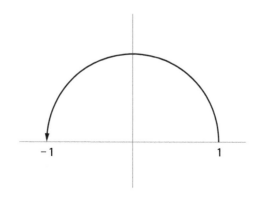

图 7-3 将数乘以 –1 会将其旋转 180 度

可以看到，1 乘以 –1 是 –1，这将 1 转到了原点的另一侧。

因为将复数乘以 –1 会使其在复数坐标系中旋转 180 度，–1 的平方根就代表旋转 90 度，如图 7-4 所示。

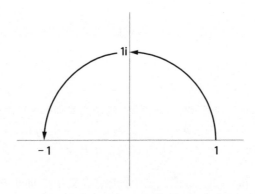

图 7-4　将数乘以 i 会将其旋转 90 度

这就意味着 i 代表 –1 的平方根，1 乘以这个数会旋转到距离 –1 一半的位置。将结果（i）乘以 i 会再转 90 度，最后到达 –1。这证实了 i 的根号定义，因为我们将一个数乘以 i 两次得到了这个数的相反数。

7.4　将两个复数相乘

我们来看看将两个复数相乘会发生什么。正如将两个二项式相乘，你可以用 FOIL 法将两个复数以代数的方式相乘：

$$(a+bi)(c+di)$$
$$= ac + adi + bci + bdi^2$$
$$= ac + (ad+bc)i + bd(-1)$$
$$= ac - bd + (ad+bc)i$$

最终得到的系数就是 [$ac-bd$, $ad+bc$]。

为了简化这一过程，我们将它转化成函数 cMult()，如代码清单 7-2 所示。

代码清单 7-2　编写将两个复数相乘的程序

```
def cMult(u,v):
    ''' 返回两个复数之积 '''
    return [u[0]*v[0]-u[1]*v[1],u[1]*v[0]+u[0]*v[1]]
```

用 $u = 1 + 2i$ 和 $v = 3 + 4i$ 测试这个程序。在交互式 shell 中输入以下代码：

```
>>> u = [1,2]
>>> v = [3,4]
>>> cMult(u,v)
[-5, 10]
```

可以看到，乘积是 –5 + 10i。

回想上一节，将一个复数和 i 相乘等于将其在复数坐标系中绕原点旋转 90 度。现在我们用 *v* = 3 + 4i 试试。

```
>>> cMult([3,4],[0,1])
[-4, 3]
```

结果是 –4 + 3i。画出 3 + 4i 和 –4 + 3i，如图 7-5 所示。

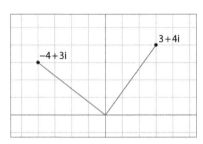

图 7-5　将复数乘以 i 使其旋转 90 度

可以看到 –4 + 3i 是 3 + 4i 旋转 90 度的结果。

你已经学会了复数的加法和乘法，下面就来看看如何计算复数的大小。我们将在创建芒德布罗集和茹利亚集时用到这一点。

7.5　编写 magnitude() 函数

复数的**大小**（ magnitude ）或者说**绝对值**（ absolute value ）是其在复数坐标平面上到原点的距离。下面利用勾股定理编写一个计算复数大小的函数。回到 complex.py，在文件顶部导入 math 模块中的平方根函数：

```
from math import sqrt
```

magnitude() 函数基本上就是勾股定理：

```
def magnitude(z):
    return sqrt(z[0]**2 + z[1]**2)
```

计算一下 2 + i 的大小：

```
>>> magnitude([2,1])
2.23606797749979
```

现在你准备好编写一个根据复数的大小给像素涂色的 Python 程序了。我们可以利用复数出人意料的行为画出极其复杂的图案，没有计算机根本无法复制！

7.6　创建芒德布罗集

要创建芒德布罗集，我们用复数 z 表示显示窗口中的每个像素，然后重复地求其平方再加上它原来的值：

$$z_{n+1} = z_n^2 + c$$

之后，我们一遍遍地对结果进行同样的操作。如果它不断增大，我们根据它超过某个值（比如 2）时经历的迭代次数，将其对应的像素涂成某个颜色。如果它不断减小，我们就将其对应的像素涂成另一种颜色。

你早已知道将一个数乘以一个大于 1 的数会使原数增大，乘以 1 则原数大小不变，乘以一个小于 1 的数会使原数减小。复数遵循相似的规律，如图 7-6 所示。

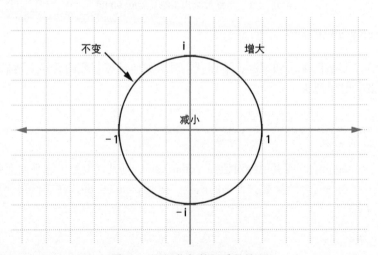

图 7-6　可视化复数相乘的情况

如果我们只将复数相乘，芒德布罗集看上去就会是图 7-6 中的圆。不过，我们不仅要将复数平方，之后还要加上一个数。这样会将圆变成一个美丽的图形，极其复杂、令人惊艳。但在那之前，我们要对网格中的每个点进行上面的运算！

一些数经过运算会减小直到**收敛**（converge）于 0，其他数会增大并且**发散**（diverge）。在数学中，接近某个值称为**收敛**，变得过大则称为**发散**。我们的目的是根据一个数在变得过大而脱离网格时经历的运算次数给像素上色。我们代入数的公式类似于代码清单 7-2 中的 cMult() 函数，只是多了一步。我们求复数的平方，再将得到的结果加上原来的复数，然后重复这一过程。如果它的大小超过 2，就意味着它发散了。（我们可以以任意数作为上限。）如果它的大小永远不会超过 2，就将这个像素保留为黑色。

举个例子，我们手动算一下 $z = 0.25 + 1.5i$ 是否在我们的芒德布罗集中：

```
>>> z = [0.25,1.5]
```

将 z 和它自己相乘，并将结果赋给变量 z2：

```
>>> z2 = cMult(z,z)
>>> z2
[-2.1875, 0.75]
```

然后用 cAdd() 函数将 z2 和 z 相加：

```
>>> cAdd(z2,z)
[-1.9375, 2.25]
```

我们有一个函数可以用勾股定理测试这个复数到原点的距离是否超过了两个单位，那就是之前的 magnitude() 函数：

```
>>> magnitude([-1.9375,2.25])
2.969243380054926
```

我们制定的规则是这样的："如果一个数到原点的距离超过两个单位，它就是发散的。"因此，复数 $z = 0.25 + 1.5i$ 经过一次迭代计算就发散了！

接着试试 $z = 0.25 + 0.75i$，如下所示：

```
>>> z = [0.25,0.75]
>>> z2 = cMult(z,z)
>>> z3 = cAdd(z2,z)
>>> magnitude(z3)
1.1524430571616109
```

这次重复之前的操作，只不过将 z2 和 z 相加的结果保存在了变量 z3 中。它还在距离原点两个单位的范围内，所以将 z 替换为这个新的值，再重复一次该过程。创建一个新的变量 z1，用来存储原始变量 z 的值：

```
>>> z1 = z
```

让我们用新的复数 z3 重复这个过程。我们求其平方并加上 z1，再计算它的大小：

```
>>> z2 = cMult(z3,z3)
>>> z3 = cAdd(z2,z1)
>>> magnitude(z3)
0.971392565148097
```

因为 0.97 比 1.152 小，我们可以猜到结果会越来越小，不太可能会发散，但我们只重复了两次该过程。手动执行这些步骤太麻烦了！下面来将其自动化，这样就可以快速、轻松地重复这个过程了。我们将用求平方、求和以及计算大小的函数编写一个名为 mandelbrot() 的函数，将验证的过程自动化，并使我们能够从视觉上将发散的数和收敛的数分开。你觉得它的图案会是什么样的呢？一个圆？一个椭圆？来看看吧！

7.6.1 编写 mandelbrot() 函数

在 Processing 中新建一个名为 mandelbrot.pyde 的草图。我们要重现的芒德布罗集得名于数学家伯努瓦·芒德布罗，他在 20 世纪 70 年代首次使用计算机探索了这个过程。我们将重复先求平方后求和的过程，直到一定次数或直到发散为止，如代码清单 7-3 所示。

代码清单 7-3　编写验证一个复数经过几次运算会发散的 mandelbrot() 函数

```
def mandelbrot(z,num):
    ''' 运行该过程 num 次并返回发散时的次数 '''
❶  count=0
    # 把 z 的值赋给 z1
    z1=z
    # 迭代 num 次
❷  while count <= num:
        # 检查是否发散
        if magnitude(z1) > 2.0:
            # 返回发散时的迭代次数
            return count
        # 计算新的 z1
❸      z1=cAdd(cMult(z1,z1),z)
        count+=1
    # 如果最后不发散
    return num
```

这个函数以一个复数 z 和迭代的最大次数为参数。它返回 z 发散时经历的迭代次数，如果不发散则返回 num。我们创建一个变量 count（见 ❶）来统计迭代的次数，并创建一个新的复数 z1，从而在不改变 z 的情况下进行求平方等运算。

每当变量 count 的值小于 num 时，我们开启一轮循环（见 ❷）。在循环中，我们检验 z1 的大小看它是否发散。如果发散了，就将 count 返回并退出程序；否则，求 z1 的平方后加上 z（见 ❸），也就是芒德布罗集所定义的操作。最后使变量 count 递增 1，然后再次进行这个过程。

我们将复数 $z = 0.25 + 0.75i$ 代入这个函数，检查每次迭代开始时 z1 的大小：

```
0.7905694150420949
1.1524430571616109
0.971392565148097
1.1899160852817983
2.122862368187107
```

第一个数是刚进入循环时 $z = 0.25 + 0.75i$ 的大小：

$$\sqrt{0.25^2 + 0.75^2} = 0.790\ 569\dots$$

可以看到，四次迭代后，它到原点的距离超过了两个单位，因此它发散了。图 7-7 画出了每次迭代开始时的 z1，方便你直观地看到其发散情况。

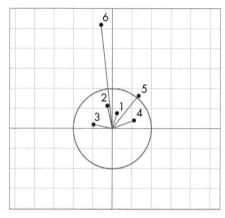

图 7-7　用 mandelbrot() 函数对复数 0.25 + 0.75i 进行运算直到它发散

红色圆的半径为两个单位，它代表了我们设置的复数发散的上限。通过求 z1 的平方并加上 z，我们将 z1 旋转然后平移，最终到原点的距离超过了我们所设的限制。

我们用在第 4 章学到的作图技巧把点都画出来。将 complex.py 中所有的函数（cAdd、cMult 和 magnitude）复制到 mandelbrot.pyde 底部。我们将用 Processing 的 println() 函数向控制台打印一个复数发散时经历的迭代次数。在 mandelbrot() 函数前加上代码清单 7-4 所示的代码。

代码清单 7-4　芒德布罗程序的开头（mandelbrot.pyde）

```python
# x 的最小值和最大值
xmin = -2
xmax = 2

# y 的最小值和最大值
ymin = -2
ymax = 2

# 计算范围
rangex = xmax - xmin
rangey = ymax - ymin
```

```
def setup():
    global xscl, yscl
    size(600,600)
    noStroke()
    xscl = float(rangex)/width
    yscl = float(rangey)/height

def draw():
    z = [0.25,0.75]
    println(mandelbrot(z,10))
```

我们在程序开头计算实数（x）和虚数（y）的范围。在 setup() 函数中，我们计算比例尺（xscl 和 yscl），将其与像素坐标（0 到 600）相乘可以得到对应的复数坐标（−2 到 2）。在 draw() 函数中，我们定义复数 z，将它代入 mandelbrot() 函数并打印结果。现在显示窗口中什么都没有，但在控制台中可以看到 4 被打印出来了。下面我们将遍历窗口中的每个像素，将它们对应的复数代入 mandelbrot() 函数并画出结果。

回到 mandelbrot() 函数。将每个像素对应的复数代入 mandelbrot() 函数，根据返回值判断是否发散。如果发散就将像素涂成白色，不发散就涂成黑色。完整的 draw() 函数如代码清单 7-5 所示。

代码清单 7-5　遍历显示窗口中的像素（mandelbrot.pyde）

```
def draw():
    # 遍历像素的 x 坐标和 y 坐标
❶  for x in range(width):
        for y in range(height):
❷          z = [(xmin + x * xscl) ,
                (ymin + y * yscl) ]
            # 代入 mandelbrot 函数
❸          col=mandelbrot(z,100)
            # 如果函数返回 0
            if col == 100:
                fill(0) # 设置填充色为黑色
            else:
                fill(255) # 设置填充色为白色
            # 画出小正方形
            rect(x,y,1,1)
```

遍历所有的像素需要一个 x 和 y 嵌套的循环（见❶）。我们算出像素坐标对应的复数 z（见❷）。以计算 z 的实轴坐标为例，因为像素的坐标是从 0 出发前进 x 步一直到 width，所以对应的复数坐标就是从 xmin 出发前进 x 步乘以比例尺 xscl 后的位置 xmin + x * xscl。然后将结果代入 mandelbrot() 函数（见❸）。

mandelbrot() 函数求出复数的平方再加上原复数，重复这一过程最多 100 次，并返回复数发散时经历的迭代次数。这个次数被保存在变量 col 中。之所以不用 color 是因为它是 Processing 的关键字。col 决定了要给像素涂上的颜色。目前，我们先把不发散的复数对应的像素涂成黑色，把其他像素涂成白色，从而把芒德布罗集整体画出来。运行草图，你将看到著名的芒德布罗集，如图 7-8 所示。

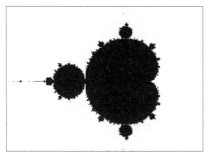

图 7-8　著名的芒德布罗集

神不神奇？而且绝对出乎你的意料：不过是反复对复数求平方再求和，并根据得到的结果将像素涂上颜色，就画出了一个极其复杂的、没有计算机根本无法想象的图案！你可以改变 x 和 y 的范围来放大并观察某个部分，如代码清单 7-6 所示。

代码清单 7-6　改变复数的范围以放大显示芒德布罗集的某个部分

```
# x 的最小值和最大值
xmin = -0.25
xmax = 0.25

# y 的最小值和最大值
ymin = -1
ymax = -0.5
```

输出的图像应该如图 7-9 所示。

图 7-9　放大显示芒德布罗集合

强烈推荐你看看别人在网上分享的放大芒德布罗集的视频。

7.6.2 给芒德布罗集上色

现在给芒德布罗图案上色。加入以下代码，告诉 Processing 你要使用 HSB 模式，而不是默认的 RGB 模式：

```
def setup():
    size(600,600)
    colorMode(HSB)
    noStroke()
```

然后根据 mandelbrot() 函数的返回值给矩形上色：

```
    if col == 100:
        fill(0)
    else:
        fill(3*col,255,255)
    # 画出小正方形
    rect(x,y,1,1)
```

在第二个 fill() 函数中，我们将 col 变量乘以 3 得到 HSB 模式下的 H（色相）值。运行程序，可以看到一个颜色还不错的芒德布罗集，如图 7-10 所示。

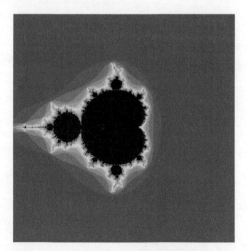

图 7-10　根据迭代次数给芒德布罗集上色

你可以看出点在发散时所经历的不同运算次数——从深橙色的圆到浅橙色的椭圆，再到黑色的芒德布罗集，次数依次增加。你也可以试试其他配色。例如，将 fill() 的参数改成下面这样：

```
        fill(255-15*col,255,255)
```

运行更新后的程序，可以看到图中的蓝色变得更多了，如图 7-11 所示。

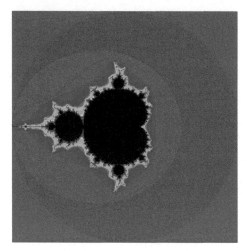

图 7-11　试试不同的上色方案

下面将探索一种相关的图案，名为茹利亚集。它会根据我们提供的输入改变外观。

7.7　创建茹利亚集

在芒德布罗集中，要确定每个像素的颜色，我们将点的坐标转化成复数 z，然后重复地将其平方加上原来的 z。茹利亚集的构建方法和芒德布罗集的相似，不同之处在于求出复数的平方后不是加上像素对应的原复数，而是加上一个复数常数 c。对于所有像素，c 的值都相同。通过使用不同的 c 值，我们可以创建许多茹利亚集。

编写 julia() 函数

茹利亚集的维基百科页面给出了许多漂亮的茹利亚集的例子，以及创建它们所用的复数常数。我们来用 $c = -0.8 + 0.156i$ 试试。把 mandelbrot() 函数改成 julia() 函数很简单。将你的 mandelbrot.pyde 草图另存为 julia.pyde，然后将 mandelbrot() 函数的代码改成如代码清单 7-7 所示。

代码清单 7-7　编写 julia() 函数（julia.pyde）

```
def julia(z,c,num):
    ''' 运行该过程 num 次并返回发散时的次数 '''
    count = 0
    # 把 z 的值赋给 z1
    z1 = z
    # 迭代 num 次
    while count <= num:
        # 检查是否发散
        if magnitude(z1) > 2.0:
            # 返回发散时的迭代次数
            return count
        # 计算新的 z1
```

```
❶   z1 = cAdd(cMult(z1,z1),c)
        count += 1
    return num
```

这个函数跟芒德布罗集的函数几乎一样。唯一更改的一行是 ❶，把 z 改成了 c。复数 c 会和 z 有所不同，所以在 draw() 函数中，我们要将其传递给 julia() 函数，如代码清单 7-8 所示。

代码清单 7-8　编写茹利亚集的 draw() 函数

```
def draw():
    # 将原点移动到窗口中央
    translate(width/2,height/2)
    # 遍历范围内的若干复数
    x = xmin
    while x < xmax:
        y = ymin
        while y < ymax:
            z = [x,y]
❶           c = [-0.8,0.156]
            # 代入 julia 函数
            col = julia(z,c,100)
            # 如果返回值是 100
            if col == 100:
                fill(0)
            else:
                fill(3*col,255,255)
            rect(x/xscl,y/yscl,1,1)
            y += 0.01
        x += 0.01
```

几乎所有代码都和 mandelbrot.pyde 中相同，直到在 ❶ 处定义了这个茹利亚集的复数 c。紧接着调用 julia() 函数并将 c 传递给它。运行这个草图，你将得到一个跟芒德布罗集大不相同的图案，如图 7-12 所示。

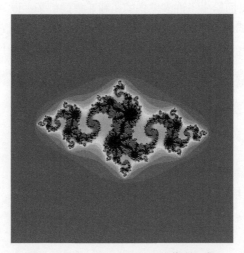

图 7-12　$c = -0.8 + 0.156i$ 的茹利亚集

茹利亚集的一大好处在于，你可以通过改变输入 c 的值得到不同的图案。例如，将 c 改为 $-0.4 + 0.6i$ 会得到如图 7-13 所示的图案。

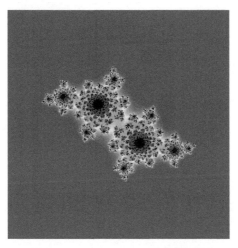

图 7-13　$c = -0.4 + 0.6i$ 的茹利亚集

练习 7-1：画一个茹利亚集

画出 $c = 0.285 + 0.01i$ 的茹利亚集。

7.8　小结

在本章中，你学到了如何在复数坐标平面中表示复数，以及如何用复数做旋转。你还像爱丽丝一样，为了追寻复数背后的逻辑跳进了兔子洞，学习了复数的加法和乘法法则。你用学到的知识编写了 mandelbrot() 函数和 julia() 函数，将复数转化成了不可思议的艺术作品，而如果没有复数和计算机，这将是不可能的。

如你所见，虚数一点也不虚！希望你以后一遇见复数就会想到你用复数和代码创作的这些美丽图案。

第 **8** 章

将矩阵用于计算机图形和方程组

"我心胸宽广，包罗万象。"

——沃尔特·惠特曼，《自我之歌》

在数学课上，学生们学习了如何做矩阵的加减法和乘法，但从没人教过其实际运用。这太糟糕了，因为矩阵可以让我们轻松地将大批项目组合在一起，以及从多个角度模拟物体的坐标。这使得矩阵在机器学习中十分有用，并对 2D 和 3D 图形至关重要。总而言之，没有矩阵就没有电子游戏！

要了解矩阵对制作图形有何帮助，你先要了解如何对其做运算。在本章中，你将回顾矩阵的加法和乘法，从而在 Processing 中创建并转换 2D 和 3D 对象。最后，你将学习如何用矩阵瞬间求出大型方程组的解。

8.1 什么是矩阵

矩阵是一个矩形的数阵列，它的运算有特定的规则。图 8-1 展示了矩阵的外观。

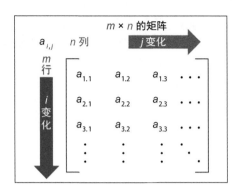

图 8-1 m 行 n 列的矩阵

这里，数按行和列排列，m 和 n 分别代表了总行数和总列数。一个 2×2 的矩阵有两行两列，像这样：

$$\begin{bmatrix} 1 & 5 \\ -9 & 2 \end{bmatrix}$$

一个 3×4 的矩阵有三行四列，像这样：

$$\begin{bmatrix} 4 & -3 & 11 & -13 \\ 1 & 0 & 7 & 20 \\ -12 & 2 & 5 & 6 \end{bmatrix}$$

人们一般用 i 表示行号，用 j 表示列号。注意，矩阵中的数只是被排列在了一起，并不是要相加。这类似于我们用 (x, y) 的格式排列 x 坐标和 y 坐标，而不对它们做运算。例如，$(2, 3)$ 并不意味着你要将 2 加上或乘以 3。这两个数只是被排在了一起，告诉你这个点在图上的位置。不过你马上就将看到，**可以**将两个矩阵像普通的数一样相加、相减和相乘。

8.2　矩阵相加

你只能将规模（尺寸和形状）相同的矩阵相加和相减，这意味着你只能加减**对应的元素**。下面是两个 2×2 矩阵相加的例子：

$$\begin{bmatrix} ① & -2 \\ ③ & 4 \end{bmatrix} + \begin{bmatrix} ⑤ & 6 \\ ⑦ & 8 \end{bmatrix} = \begin{bmatrix} 6 & 4 \\ -4 & 12 \end{bmatrix}$$

我们将 1 和 5 相加，因为它们是两个矩阵中对应的元素，也就是说它们在各自矩阵中的位置相同：第一行第一列。因此，结果的左上角是 6。将对应元素 3 和 −7 相加得到 −4，也就是结果的左下角。

矩阵可以保存在变量中，因此可以轻松地将矩阵加法写成一个函数。在 IDLE 中新建一个文件，并将其保存为 matrices.py。然后输入代码清单 8-1 所示的代码。

代码清单 8-1　编写 matrices.py 程序来做矩阵加法

```
A = [[2,3],[5,-8]]
B = [[1,-4],[8,-6]]

def addMatrices(a,b):
    ''' 将两个 2x2 矩阵相加 '''
    C = [[a[0][0]+b[0][0],a[0][1]+b[0][1]],
         [a[1][0]+b[1][0],a[1][1]+b[1][1]]]
    return C

C = addMatrices(A,B)
print(C)
```

这里用 Python 的列表语法定义了一对 2×2 的矩阵，分别为 A 和 B。举例来说，A 是一个包含了两个列表的列表，每个子列表中有两个元素。之后，我们定义一个名为 addMatrices() 的函数，它以两个矩阵为参数。在函数中，我们定义另一个矩阵 C，用来保存第一个矩阵中每个元素及其在第二个矩阵中对应元素的和。

运行这个程序，输出应该像下面这样：

```
[[3, -1], [13, -14]]
```

这就是两个 2×2 的矩阵 A 和 B 相加的结果：

$$\begin{bmatrix} 3 & -1 \\ 13 & -14 \end{bmatrix}$$

你学会了矩阵加法，下面继续学习矩阵乘法，这样你就可以变换坐标了。

8.3　矩阵相乘

将矩阵相乘比相加更有用。在本章后面，你将用一个变换矩阵乘以一个 (x, y) 坐标矩阵，从而旋转一个 2D 或 3D 形状。

做矩阵乘法不是简单地将对应的元素相乘，而是将第一个矩阵每行中的元素和第二个矩阵每列中的对应元素相乘。这意味着第一个矩阵的列数应该等于第二个矩阵的行数，否则它们无法相乘。举个例子，下面两个矩阵可以相乘：

$$\begin{bmatrix} 1 & 2 \\ 3 & 4 \end{bmatrix} \begin{bmatrix} 5 \\ 6 \end{bmatrix}$$

首先，将第一个矩阵第一行的元素（1和2）和第二个矩阵第一列的元素（5和6）分别相乘。这两个积的和就是结果矩阵第一行第一列的元素。我们对第一个矩阵的第二行做同样的运算，以此类推。下面是计算过程：

$$\begin{bmatrix} 1 & 2 \\ 3 & 4 \end{bmatrix}\begin{bmatrix} 5 \\ 6 \end{bmatrix} = \begin{bmatrix} 1\times5+2\times6 \\ 3\times5+4\times6 \end{bmatrix} = \begin{bmatrix} 17 \\ 39 \end{bmatrix}$$

下面是 2×2 矩阵乘以 2×2 矩阵的一般公式：

$$\begin{bmatrix} a & b \\ c & d \end{bmatrix}\begin{bmatrix} e & f \\ g & h \end{bmatrix} = \begin{bmatrix} ae+bg & af+bh \\ ce+dg & cf+dh \end{bmatrix}$$

下面两个矩阵也可以相乘，因为 A 是 1×4 的矩阵，B 是 4×2 的矩阵：

$$A = \begin{bmatrix} 1 & 2 & -3 & -1 \end{bmatrix}$$

$$B = \begin{bmatrix} 4 & -1 \\ -2 & 3 \\ 6 & -3 \\ 1 & 0 \end{bmatrix}$$

结果矩阵的大小是多少呢？A 的第一行将和 B 的第一列相乘，得到结果矩阵第一行第一列的元素。第一行第二列的元素也是这样由 A 的第一行和 B 的第二列相乘得来的。结果是一个 1×2 的矩阵。可以看到，第一个矩阵行中的元素和第二个矩阵列中的元素相匹配。这意味着结果矩阵的行数和第一个矩阵的行数相同，列数和第二个矩阵的列数相同。

下面我们直接将矩阵 A 中的元素和它们在矩阵 B 中的对应元素相乘，然后将积加起来。

$$AB = \begin{bmatrix} 1\times4+2\times(-2)+(-3)\times6+(-1)\times1 & 1\times(-1)+2\times3+(-3)\times(-3)+(-1)\times0 \end{bmatrix}$$
$$AB = \begin{bmatrix} -19 & 14 \end{bmatrix}$$

这看起来像一个难以自动化的复杂过程，但我们可以轻松得到输入矩阵的行数和列数。

代码清单 8-2 是一个计算矩阵乘积的 Python 程序，其代码比计算和的程序多一些。向 matrices.py 中加入这段代码。

代码清单 8-2　编写计算矩阵乘积的程序

```
def multmatrix(a,b):
    # 返回矩阵 a 和 b 的乘积
    m = len(a) # 第一个矩阵的行数
    n = len(b[0]) # 第二个矩阵的列数
    newmatrix = []
    for i in range(m):
        row = []
```

```
        # 遍历矩阵 b 的每一列
        for j in range(n):
            sum1 = 0
            # 对于列中的每个元素
            for k in range(len(b)):
                sum1 += a[i][k]*b[k][j]
            row.append(sum1)
        newmatrix.append(row)
    return newmatrix
```

multmatrix() 函数以两个矩阵 a 和 b 作为参数。在函数开头,我们将 a 的行数赋值给变量 m,将 b 的列数赋值给变量 n。之后创建一个空列表 newmatrix 作为结果矩阵。"第一个矩阵的行乘以第二个矩阵的列"的操作会重复 m 次,因此第一个循环是 for i in range(m),使循环变量 i 重复出现 m 次。对于 a 的每一行,我们都创建一个空列表,然后向其中加入 n 个计算出的元素,最后将列表加入 newmatrix 中。第二个循环使 j 重复出现 n 次,因为 b 有 n 行。最棘手的部分在于将对应元素匹配起来,不过只需稍加思考便能做到。

想想哪些元素会相乘。当 j = 0 时,我们将 a 第 i 行的元素和 b 第一列的元素逐对相乘,这些积的和被添加到 row 中,成为新加行的第一个元素。当 j = 1 时,对 a 的第 i 行和 b 的第二列进行相同的操作,并将结果作为新加行的第二个元素。完成和 b 最后一行的运算后,新加行被添加到 newmatrix 中。对 a 的每一行都进行这样的操作。

对于矩阵 a 行中的每个元素,矩阵 b 的每一列都有一个与之对应的元素。a 的列数和 b 的行数相同,可以表示为 len(a[0]) 或 len(b),我选择了 len(b)。第三个循环的循环变量 k 会重复出现 len(b) 次。a 第 i 行的第一个元素会和 b 第 j 列的第一个元素相乘,代码如下:

```
a[i][0] * b[0][j]
```

同样,a 第 i 行的第二个元素和 b 第 j 列的第二个元素相对应:

```
a[i][1] * b[1][j]
```

因此,对于 b 的每一列(在 j 循环中),我们将运行总和初始化为 0(因为 sum 是 Python 的关键字,所以我用了 sum1),它的值会随 k 递增:

```
sum1 += a[i][k] * b[k][j]
```

尽管看起来可能不太像,但这行代码就能找到所有对应元素并算出它们的乘积之和!遍历所有 k 对元素后(k 循环结束后),我们将总和加入新加行中。遍历 b 的所有列后(j 循环结束后),我们将新加行加入到结果矩阵中。遍历 a 的所有行后,我们返回结果矩阵。

我们来用 1×4 和 4×2 的两个示例矩阵测试这个函数:

```
>>> a = [[1,2,-3,-1]]
>>> b = [[4,-1],
         [-2,3],
         [6,-3],
         [1,0]]
>>> print(multmatrix(a,b))
[[-19, 14]]
```

结果是正确的:

$$(1)(4) + (2)(-2) + (-3)(6) + (-1)(1) = -19$$

和

$$(1)(-1) + (2)(3) + (-3)(-3) + (-1)(0) = 14$$

因此,我们用来将两个矩阵相乘(前提是它们**可以相乘**)的函数奏效了!再试试两个 2×2 的矩阵:

$$a = \begin{bmatrix} 1 & -2 \\ 2 & 1 \end{bmatrix}$$

$$b = \begin{bmatrix} 3 & -4 \\ 5 & 6 \end{bmatrix}$$

输入以下代码,计算矩阵 a 和 b 的乘积:

```
>>> a = [[1,-2],[2,1]]
>>> b = [[3,-4],[5,6]]
>>> multmatrix(a,b)
[[-7, -16], [11, -2]]
```

这段代码展示了如何将 2×2 的矩阵作为 Python 列表输入。矩阵形式如下:

$$\begin{bmatrix} 1 & -2 \\ 2 & 1 \end{bmatrix} \begin{bmatrix} 3 & -4 \\ 5 & 6 \end{bmatrix} = \begin{bmatrix} -7 & -16 \\ 11 & -2 \end{bmatrix}$$

我们来检查一下答案。首先,将 a 的第一行和 b 的第一列相乘:

$$(1)(3) + (-2)(5) = 3 - 10 = -7$$

–7 位于结果矩阵的第一行第一列。再将 a 的第二行和 b 的第一列相乘:

$$(2)(3) + (1)(5) = 6 + 5 = 11$$

11 位于结果矩阵的第二行第一列。其他两个数也是对的。multmatrix() 这个函数将替我们做大量烦琐的矩阵相乘运算!

8.4 矩阵乘法中的顺序很重要

矩阵乘法中很重要的一点是，$A \times B$ 和 $B \times A$ 并不一定相同。我们把之前的例子颠倒过来证明这一点：

$$\begin{bmatrix} 3 & -4 \\ 5 & 6 \end{bmatrix} \begin{bmatrix} 1 & -2 \\ 2 & 1 \end{bmatrix} = \begin{bmatrix} -5 & -10 \\ 17 & -4 \end{bmatrix}$$

下面是在 Python shell 中将它们逆序相乘的代码：

```
>>> a = [[1,-2],[2,1]]
>>> b = [[3,-4],[5,6]]
>>> multmatrix(b,a)
[[-5, -10], [17, -4]]
```

可以看到，用 multmatrix(b,a) 而非 multmatrix(a,b) 将两个矩阵相乘会得到截然不同的结果。记住，在做矩阵乘法时，$A \times B$ 并不一定等于 $B \times A$。

8.5 画 2D 形状

你已经学会了矩阵的运算，下面来将一堆点放进一个列表里，用于制作 2D 形状。在 Processing 中新建一个草图，将其保存为 matrices.pyde。如果你还保存着代码清单 4-11 中的 grid.pyde，可以将其中绘制网格的部分粘贴过来。否则请输入代码清单 8-3 所示的代码。

代码清单 8-3　绘制网格的代码（matrices.pyde）

```
# 设置 x 的最小值和最大值
xmin = -10
xmax = 10

# y 的最小值和最大值
ymin = -10
ymax = 10

# 计算范围
rangex = xmax - xmin
rangey = ymax - ymin

def setup():
    global xscl, yscl
    size(600,600)
    # 在网格上作图的比例尺：
    xscl= width/rangex
    yscl= -height/rangey
    noFill()
```

```
def draw():
    global xscl, yscl
    background(255) # 白色
    translate(width/2,height/2)
    grid(xscl, yscl)

def grid(xscl,yscl):
    ''' 画一个用于作图的网格 '''
    # 青色的线
    strokeWeight(1)
    stroke(0,255,255)
    for i in range(xmin,xmax+1):
        line(i*xscl,ymin*yscl,i*xscl,ymax*yscl)
    for i in range(ymin,ymax+1):
        line(xmin*xscl,i*yscl,xmax*xscl,i*yscl)
    stroke(0) # 黑色的轴
    line(0,ymin*yscl,0,ymax*yscl)
    line(xmin*xscl,0,xmax*xscl,0)
```

我们要画一个简单的图形并用矩阵旋转它。我将画出大写字母F，因为它不是旋转对称或轴对称的（并且是我姓氏的首字母）。我们画一个草图得到点的坐标，如图8-2所示。

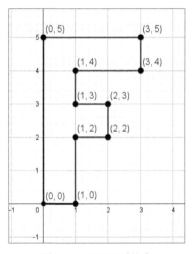

图 8-2　画 F 用到的点

在 draw() 函数后加入代码清单 8-4 所示的代码，输入图中 F 里所有角上的点，并在相邻的点之间画出线段。

代码清单 8-4　描点连线来画出 F

```
fmatrix = [[0,0],[1,0],[1,2],[2,2],[2,3],[1,3],[1,4],[3,4],[3,5],[0,5]]

def graphPoints(matrix):
    # 用线段连接列表中相邻的点
```

```
beginShape()
for pt in matrix:
    vertex(pt[0]*xscl,pt[1]*yscl)
endShape(CLOSE)
```

这里，首先创建了一个名为 fmatrix 的列表，然后将所有点的坐标作为矩阵的一行放入列表中。graphPoints() 函数以一个矩阵作为输入，并将矩阵的行作为 beginShape() 和 endShape() 函数定义的形状的顶点。我们还要在 draw() 函数中以 fmatrix 为参数调用 graphPoints() 函数。在 draw() 函数的末尾加入代码清单 8-5 所示的代码。

代码清单 8-5　让程序画出 F

```
strokeWeight(2) # 粗一点儿的线
stroke(0) # 黑色
graphPoints(fmatrix)
```

我们创建了包含坐标的列表 fmatrix，然后调用了 graphPoints() 函数让程序画出所有的点。

Processing 内置的 strokeWeight() 函数可以让你控制轮廓的粗细程度，stroke() 函数则可以让你选择轮廓的颜色。我们把这第一个 F 画成黑色的。输出如图 8-3 所示。

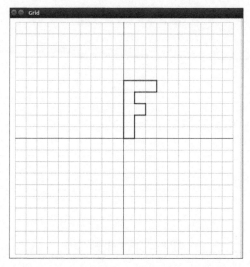

图 8-3　用 "f 矩阵" 中的点画出的形状

你在学校里学习矩阵的时候，学了矩阵的加法和乘法运算，却没学为什么要进行运算。只有将矩阵像这样画出来的时候你才会明白，将矩阵相乘是在**变换**它们。下面，我们将用矩阵乘法运算变换我们的 F。

8.6　变换矩阵

为了向你展示相乘是如何变换矩阵的，我们将使用一个我在网上找到的 2×2 的变换矩阵（见图 8-4）。

在 R^2 中，考虑在一个固定坐标系中将给定向量 v_0 逆时针旋转 θ 弧度的矩阵。

那么，

$$R_{\theta} = \begin{bmatrix} \cos\theta & -\sin\theta \\ \sin\theta & \cos\theta \end{bmatrix}$$

因此，

$$v' = R_{\theta} v_0$$

图 8-4　我在 Wolfram MathWorld 网站上找到的一个变换矩阵

这个矩阵会将我们的 F 逆时针旋转，转过的角为 θ。如果这个角是 90 度，那么 $\cos(90) = 0$ 且 $\sin(90) = 1$。因此，逆时针旋转 90 度的变换矩阵就是：

$$R = \begin{bmatrix} 0 & -1 \\ 1 & 0 \end{bmatrix}$$

在 matrices.pyde 的 setup() 函数前加入下面这一行，创建这个变换矩阵：

```
transformation_matrix = [[0,-1],[1,0]]
```

接下来，我们将 f 矩阵和变换矩阵相乘，并将结果保存为一个新的矩阵。因为 f 矩阵是 10×2 的，变换矩阵是 2×2 的，所以只能以 $F \times T$ 的方式相乘，不能以 $T \times F$ 的方式。

在画新的矩阵之前，我们把笔画的颜色改成红色。向 draw() 函数加入代码清单 8-6 所示的代码，并在文件末尾加上之前编写的 multmatrix() 函数的定义。

代码清单 8-6　将矩阵相乘并画出结果矩阵表示的图形

```
newmatrix = multmatrix(fmatrix,transformation_matrix)
graphPoints(fmatrix)
stroke(255,0,0) # 用红色画结果
graphPoints(newmatrix)
```

运行这个草图，结果如图 8-5 所示。

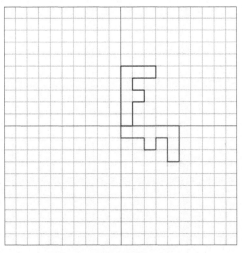

图 8-5　怎么是顺时针的呢

　　这可不是逆时针旋转！再看看图 8-4 中的数学公式，发现相乘的顺序和我们的不一样。公认的做法是变换矩阵在前，被转换的坐标（向量）在后：

$$v' = R_\theta v_0$$

　　也就是说，转换后的向量 v（v'）是旋转矩阵 R_θ 乘以原向量 v_0 的结果。向量和我们用的坐标不一样。例如，在 x 方向上前进两个单位并在 y 方向上前进三个单位的向量并不是标准 (x, y) 坐标形式下的 $(2, 3)$。它是一个像下面这样的

$$\begin{bmatrix} 2 \\ 3 \end{bmatrix}$$

2×1 的矩阵，并非 1×2 的矩阵。用我们的列表表示法就是 [[2],[3]]。这意味着我们需要把 f 矩阵改成

```
fmatrix = [[[0],[0]],[[1],[0]],[[1],[2]],[[2],[2]],[[2],[3]],
           [[1],[3]],[[1],[4]],[[3],[4]],[[3],[5]],[[0],[5]]]
```

或

```
fmatrix = [[0,1,1,2,2,1,1,3,3,0],[0,0,2,2,3,3,4,4,5,5]]
```

　　第一种写法至少把一个点的 x 坐标和 y 坐标放在了一起，但方括号太多了！第二种写法甚至没有将 x 坐标和 y 坐标放在一起。下面来看看有没有别的办法。

8.7 转置矩阵

矩阵有一个很重要的概念是**转置**（transposition），也就是将列变为新的行，将行变为新的列。我们想将 F 变成 F^T，用它表示"转置后的 f 矩阵"。

$$F = \begin{bmatrix} 0 & 0 \\ 1 & 0 \\ 1 & 2 \\ 2 & 2 \\ 2 & 3 \\ 1 & 3 \\ 1 & 4 \\ 3 & 4 \\ 3 & 5 \\ 0 & 5 \end{bmatrix}$$

$$F^\mathrm{T} = \begin{bmatrix} 0 & 1 & 1 & 2 & 2 & 1 & 1 & 3 & 3 & 0 \\ 0 & 0 & 2 & 2 & 3 & 3 & 4 & 4 & 5 & 5 \end{bmatrix}$$

我们来编写一个可以转置任意矩阵的函数 transpose()。在 **matrices.pyde** 的 draw() 函数后加入代码清单 8-7 所示的代码。

代码清单 8-7　用于转置矩阵的代码

```
def transpose(a):
    ''' 转置矩阵 a'''
    output = []
    m = len(a)
    n = len(a[0])
    # 创建一个 n x m 的矩阵
    for i in range(n):
        output.append([])
        for j in range(m):
            # 把 a[j][i] 赋给 output[i][j]
            output[i].append(a[j][i])
    return output
```

首先，创建一个名为 output 的空列表作为转置后的矩阵。然后，定义矩阵的行数 m 和列数 n。输出将是一个 n×m 的矩阵。对于转置后矩阵 n 行中的每一行，我们先推入一个空列表，然后将原矩阵各列中的所有元素都加入转置后矩阵的各个新行中。

transpose() 函数中的这一行代码交换 a 的行和列：

```
output[i].append(a[j][i])
```

最后，将转置后的矩阵返回。我们来测试一下这个函数。在你的 matrices.py 中加入 transpose()
函数并运行。然后在 shell 中输入以下代码：

```
>>> a = [[1,2,-3,-1]]
>>> transpose(a)
[[1], [2], [-3], [-1]]
>>> b = [[4,-1],
         [-2,3],
         [6,-3],
         [1,0]]
>>> transpose(b)
[[4, -2, 6, 1], [-1, 3, -3, 0]]
```

结果正确！剩下的就是先将 f 矩阵转置，然后用变换矩阵乘以它了。在画出结果矩阵前，
也要将其转置，如代码清单 8-8 所示。

代码清单 8-8　转置，相乘，然后再转置（matrices.pyde）

```
def draw():
    global xscl, yscl
    background(255) # 白色
    translate(width/2,height/2)
    grid(xscl, yscl)
    strokeWeight(2) # 粗一点儿的线
    stroke(0) # 黑色
❶   newmatrix = transpose(multmatrix(transformation_matrix,
                       ❷ transpose(fmatrix)))
    graphPoints(fmatrix)
    stroke(255,0,0) # 用红色画结果
    graphPoints(newmatrix)
```

在 newmatrix 一行（见 ❶）中加入对 transpose() 函数（见 ❷）的调用。修改之后的代码
应该会产生正确的逆时针旋转效果，如图 8-6 所示。

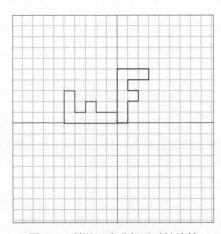

图 8-6　利用矩阵进行逆时针旋转

代码清单 8-9 展示了 matrices.pyde 的最终代码。

代码清单 8-9　绘制并变换字母 F 的完整代码（matrices.pyde）

```
# 设置 x 的最小值和最大值
xmin = -10
xmax = 10

# y 的最小值和最大值
ymin = -10
ymax = 10

# 计算范围
rangex = xmax - xmin
rangey = ymax - ymin

transformation_matrix = [[0,-1],[1,0]]

def setup():
    global xscl, yscl
    size(600,600)
    # 在网格上作图的比例尺:
    xscl= width/rangex
    yscl= -height/rangey
    noFill()

def draw():
    global xscl, yscl
    background(255) # 白色
    translate(width/2,height/2)
    grid(xscl,yscl)
    strokeWeight(2) # 粗一点儿的线
    stroke(0) # 黑色
    newmatrix = transpose(multmatrix(transformation_matrix,
                          transpose(fmatrix)))
    graphPoints(fmatrix)
    stroke(255,0,0) # 用红色画结果
    graphPoints(newmatrix)

fmatrix = [[0,0],[1,0],[1,2],[2,2],[2,3],[1,3],[1,4],[3,4],[3,5],[0,5]]

def multmatrix(a,b):
    ''' 返回矩阵 a 和矩阵 b 的乘积 '''
    m = len(a) # 第一个矩阵的行数
    n = len(b[0]) # 第二个矩阵的列数
    newmatrix = []
    for i in range(m): # 对于 a 中的每一行
        row = []
        # 对于 b 中的每一列
        for j in range(n):
            sum1 = 0
            # 对于列中的每个元素
            for k in range(len(b)):
                sum1 += a[i][k]*b[k][j]
            row.append(sum1)
```

```
            newmatrix.append(row)
        return newmatrix

    def transpose(a):
        ''' 转置矩阵 a '''
        output = []
        m = len(a)
        n = len(a[0])
        # 创建一个 n x m 的矩阵
        for i in range(n):
            output.append([])
            for j in range(m):
                # 把 a[j][i] 赋给 output[i][j]
                output[i].append(a[j][i])
        return output

    def graphPoints(matrix):
        # 用线段连接列表中相邻的点
        beginShape()
        for pt in matrix:
            vertex(pt[0]*xscl,pt[1]*yscl)
        endShape(CLOSE)

    def grid(xscl, yscl):
        ''' 画一个用于作图的网格 '''
        # 青色的线
        strokeWeight(1)
        stroke(0,255,255)
        for i in range(xmin,xmax + 1):
            line(i*xscl,ymin*yscl,i*xscl,ymax*yscl)
        for i in range(ymin,ymax+1):
            line(xmin*xscl,i*yscl,xmax*xscl,i*yscl)
        stroke(0) # 黑色的轴
        line(0,ymin*yscl,0,ymax*yscl)
        line(xmin*xscl,0,xmax*xscl,0)
```

练习 8-1：更多的变换矩阵

试试看下面的变换矩阵会对形状做出怎样的变换。

$$a = \begin{bmatrix} 1 & 0 \\ 0 & -1 \end{bmatrix} \qquad b = \begin{bmatrix} 0 & -1 \\ -1 & 0 \end{bmatrix} \qquad c = \begin{bmatrix} -1 & 1 \\ 1 & 1 \end{bmatrix}$$

8.8　实时旋转矩阵

你刚刚学到了矩阵是如何变换点的。实际上，变换也可以是实时、互动性的！将 matrices. pyde 的 draw() 函数改成如代码清单 8-10 所示。

```
def draw():
    global xscl, yscl
    background(255) # 白色
    translate(width/2,height/2)
    grid(xscl, yscl)
    ang = map(mouseX,0,width,0,TWO_PI)
    rot_matrix = [[cos(ang),-sin(ang)],
                  [sin(ang),cos(ang)]]
    newmatrix = transpose(multmatrix(rot_matrix,transpose(fmatrix)))
    graphPoints(fmatrix)
    strokeWeight(2) # 粗一点儿的线
    stroke(255,0,0) # 用红色画结果
    graphPoints(newmatrix)
```

回忆一下，我们在第 6 章中使用 sin() 和 cos() 旋转并振荡了形状。在本例中，我们用旋转矩阵变换一个坐标矩阵。这是一个典型的 2×2 的旋转矩阵：

$$\boldsymbol{R}(\theta) = \begin{bmatrix} \cos(\theta) - \sin(\theta) \\ \sin(\theta) \ \ \cos(\theta) \end{bmatrix}$$

因为 θ 不容易输入，我们就把旋转角叫作 ang 吧。我们现在做的是一件有趣的事——用鼠标改变变量 ang。在每轮循环中，鼠标位置决定 ang 的值，然后将 ang 值代入各个表达式。表达式会迅速算出它的正弦和余弦值，然后将旋转矩阵乘以 f 矩阵。每轮循环的旋转矩阵都不一样，因为这取决于你鼠标的位置。

现在红色 F 应该会绕着原点随你鼠标的左右移动而旋转了，如图 8-7 所示。

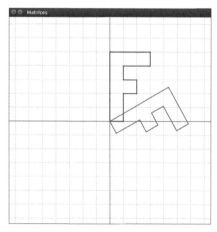

图 8-7　用矩阵将点实时旋转

当你看到计算机屏幕上的动画时，正是这样的变换在起作用。计算机图形的制作可能是矩阵最常见的应用。

8.9　制作 3D 形状

目前，我们用矩阵制作并操纵了二维的形状。你可能会好奇：数学家是如何用数在计算机屏幕这样的二维平面上展现出三维物体的呢？

回到代码清单 8-9 所示的程序，将其另存为 matrices3D.pyde。将 fmatrix 改成如代码清单 8-11 所示的坐标矩阵。

代码清单 8-11　3D 版的 f 矩阵

```
fmatrix = [[0,0,0],[1,0,0],[1,2,0],[2,2,0],[2,3,0],[1,3,0],[1,4,0],
        [3,4,0],[3,5,0],[0,5,0],
        [0,0,1],[1,0,1],[1,2,1],[2,2,1],[2,3,1],[1,3,1],[1,4,1],
        [3,4,1],[3,5,1],[0,5,1]]
```

要给 F 加上深度，需要给坐标矩阵再加上一层。因为我们的 F 现在只有两个维度，所以它只有 x 坐标和 y 坐标。但我们也可以认为 2D 物体是有第三维的，用 z 轴表示，只不过 z 坐标为 0。因此我们给每个点的坐标加一个 0 作为 z 坐标，使这 10 个点变成三维的。然后我们将这些坐标复制粘贴，并将复制得来的坐标的 z 值改为 1。这样就创建出了后层，它是画在前层一个单位后的相同 F。

我们创建好了双层的 F，还需要将前层和后层对应的点连接起来。下面创建一个如代码清单 8-12 所示的 edges 列表，这样可以方便地让程序知道要用线段连接哪些点。

代码清单 8-12　记录边（F 上的点之间的连线）

```
# 需要连接的点的列表：
edges = [[0,1],[1,2],[2,3],[3,4],[4,5],[5,6],[6,7],
        [7,8],[8,9],[9,0],
        [10,11],[11,12],[12,13],[13,14],[14,15],[15,16],[16,17],
        [17,18],[18,19],[19,10],
        [0,10],[1,11],[2,12],[3,13],[4,14],[5,15],[6,16],[7,17],
        [8,18],[9,19]]
```

这种方法记录了要用线段或边（edge）连接的点。比如第一个条目 [0,1] 记录着从点 0(0, 0, 0) 到点 1(1, 0, 0) 的一条边。前 10 条边画出前层的 F，之后的 10 条边画出后层的 F。最后的 10 条边则连接前层 F 和后层 F 上的对应点，比如边 [0,10] 画出点 0(0, 0, 0) 和点 10(0, 0, 1) 之间的连线。

现在描点连线时，我们不只是连接了相邻的点。代码清单 8-13 展示了新的 graphPoints() 函数，它根据一个边列表画出点之间的连线。将原来的 graphPoints() 换成它，位置在 grid() 函数的定义之前。

代码清单 8-13　用边画出点的连线

```
def graphPoints(pointList,edges):
    ''' 用线段画出列表中点的连线 '''
```

```
for e in edges:
    line(pointList[e[0]][0]*xscl,pointList[e[0]][1]*yscl,
        pointList[e[1]][0]*xscl,pointList[e[1]][1]*yscl)
```

记住，在 Processing 中，可以用 line(x1,y1,x2,y2) 在两点 (x1, y1) 和 (x2, y2) 之间画线。这里，我们以 edges 列表的元素为索引获取 pointList 的元素。函数遍历 edges 列表的每一项 e，将 e[0] 代表的第一个点和 e[1] 代表的第二个点相连。得到的 x 坐标要乘以比例尺 xscl：

```
pointList[e[0]][0]*xscl
```

y 坐标也要乘以比例尺：

```
pointList[e[0]][1]*yscl
```

我们可以创建两个旋转变量 rot 和 tilt，再次让鼠标决定旋转的角度。rot 将鼠标的 x 坐标映射为一个 0 到 2π 的弧度，这个弧度将像代码清单 8-10 中那样被代入旋转矩阵。tilt 则映射鼠标的 y 坐标。将代码清单 8-14 所示的代码插入 draw() 函数的矩阵相乘部分之前。

代码清单 8-14　将上下旋转和左右旋转与鼠标的动作联系起来

```
rot = map(mouseX,0,width,0,TWO_PI)
tilt = map(mouseY,0,height,0,TWO_PI)
```

接下来，我们将定义一个将旋转矩阵相乘的函数，从而将所有的变换矩阵合并成一个矩阵。这是用矩阵乘法做变换的一大优点。如果要"添加"更多的变换，你只需要乘以更多的矩阵就行！

8.10　制作旋转矩阵

下面，我们把两个单独的旋转矩阵合并成一个矩阵。如果你在数学书中见过 3D 旋转矩阵，应该知道它们看起来像下面这样。

$$\boldsymbol{R}_y(\theta) = \begin{bmatrix} \cos(\theta) & 0 & \sin(\theta) \\ 0 & 1 & 0 \\ -\sin(\theta) & 0 & \cos(\theta) \end{bmatrix}$$

$$\boldsymbol{R}_x(\theta) = \begin{bmatrix} 1 & 0 & 0 \\ 0 & \cos(\theta) & \sin(\theta) \\ 0 & -\sin(\theta) & \cos(\theta) \end{bmatrix}$$

$\boldsymbol{R}_y()$ 会将点以 y 轴为旋转轴进行旋转，因此这是左 / 右旋转。$\boldsymbol{R}_x()$ 则会将点绕 x 轴旋转，因此这是上 / 下旋转。

代码清单 8-15 展示了 rottilt() 函数的代码，该函数以 rot 和 tilt 的值为参数，并将它们代入旋转矩阵。这就是我们将旋转矩阵合二为一的代码。将代码清单 8-15 加入 matrices3D.pyde 中。

```
def rottilt(rot,tilt):
    # 返回旋转特定角度的矩阵
    rotmatrix_Y = [[cos(rot),0.0,sin(rot)],
                   [0.0,1.0,0.0],
                   [-sin(rot),0.0,cos(rot)]]
    rotmatrix_X = [[1.0,0.0,0.0],
                   [0.0,cos(tilt),sin(tilt)],
                   [0.0,-sin(tilt),cos(tilt)]]
    return multmatrix(rotmatrix_Y,rotmatrix_X)
```

我们将 rotmatrix_Y 和 rotmatrix_X 相乘，得到一个矩阵作为输出。 当有一系列变换矩阵时（比如绕 x 轴旋转矩阵 $R_x()$，绕 y 轴旋转矩阵 $R_y()$，缩放矩阵 S，并平移矩阵 T），这样做尤其有用。我们可以将所有的变换操作合并成一个矩阵，而不需要为每个变换执行单独的乘法运算。我们可以用矩阵乘法构建一个新的矩阵：$M = R_x(R_y(S(T)))$。不过这样一来，我们的 draw() 函数也要改变。调用刚刚添加的函数，draw() 函数现在如代码清单 8-16 所示。

```
def draw():
    global xscl, yscl
    background(255) # 白色
    translate(width/2,height/2)
    grid(xscl, yscl)
    rot = map(mouseX,0,width,0,TWO_PI)
    tilt = map(mouseY,0,height,0,TWO_PI)
    newmatrix = transpose(multmatrix(rottilt(rot,tilt),transpose(fmatrix)))
    strokeWeight(2) # 粗一点儿的线
    stroke(255,0,0) # 用红色画结果
    graphPoints(newmatrix,edges)
```

运行草图，结果如图 8-8 所示。

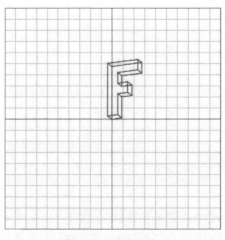

图 8-8　一个 3D 的 F

我们可以将 draw() 函数中对 grid() 的调用注释掉，去掉青色的网格，然后改变 xmin、
xmax、ymin 和 ymax 变量的值，将 F 变大。

代码清单 8-17 展示了绘制旋转的 3D 形状的完整代码。

代码清单 8-17　可以旋转的 3D F 的完整代码（matrices3D.pyde）

```
# 设置 x 的最小值和最大值
xmin = -5
xmax = 5

# y 的最小值和最大值
ymin = -5
ymax = 5

# 计算范围
rangex = xmax - xmin
rangey = ymax - ymin

def setup():
    global xscl, yscl
    size(600,600)
    # 在网格上作图的比例尺：
    xscl= width/rangex
    yscl= -height/rangey
    noFill()

def draw():
    global xscl, yscl
    background(0) # 黑色
    translate(width/2,height/2)
    rot = map(mouseX,0,width,0,TWO_PI)
    tilt = map(mouseY,0,height,0,TWO_PI)
    strokeWeight(2) # 粗一点儿的线
    stroke(0) # 黑色
    newmatrix = transpose(multmatrix(rottilt(rot,tilt),transpose(fmatrix)))
    #graphPoints(fmatrix)
    stroke(255,0,0) # 用红色画结果
    graphPoints(newmatrix,edges)

fmatrix = [[0,0,0],[1,0,0],[1,2,0],[2,2,0],[2,3,0],[1,3,0],[1,4,0],
        [3,4,0],[3,5,0],[0,5,0],
        [0,0,1],[1,0,1],[1,2,1],[2,2,1],[2,3,1],[1,3,1],[1,4,1],
        [3,4,1],[3,5,1],[0,5,1]]

# 需要连接的点的列表：
edges = [[0,1],[1,2],[2,3],[3,4],[4,5],[5,6],[6,7],
        [7,8],[8,9],[9,0],
        [10,11],[11,12],[12,13],[13,14],[14,15],[15,16],[16,17],
        [17,18],[18,19],[19,10],
        [0,10],[1,11],[2,12],[3,13],[4,14],[5,15],[6,16],[7,17],
        [8,18],[9,19]]
```

```
def rottilt(rot,tilt):
    # 返回旋转特定角度的矩阵
    rotmatrix_Y = [[cos(rot),0.0,sin(rot)],
                   [0.0,1.0,0.0],
                   [-sin(rot),0.0,cos(rot)]]
    rotmatrix_X = [[1.0,0.0,0.0],
                   [0.0,cos(tilt),sin(tilt)],
                   [0.0,-sin(tilt),cos(tilt)]]
    return multmatrix(rotmatrix_Y,rotmatrix_X)

def multmatrix(a,b):
    ''' 返回矩阵 a 和矩阵 b 的乘积 '''
    m = len(a) # 第一个矩阵的行数
    n = len(b[0]) # 第二个矩阵的列数
    newmatrix = []
    for i in range(m): # 对于 a 中的每一行
        row = []
        # 对于 b 中的每一列
        for j in range(n):
            sum1 = 0
            # 对于列中的每个元素
            for k in range(len(b)):
                sum1 += a[i][k]*b[k][j]
            row.append(sum1)
        newmatrix.append(row)
    return newmatrix

def graphPoints(pointList,edges):
    ''' 用线段画出列表中点的连线 '''
    for e in edges:
        line(pointList[e[0]][0]*xscl,pointList[e[0]][1]*yscl,
            pointList[e[1]][0]*xscl,pointList[e[1]][1]*yscl)

def transpose(a):
    ''' 转置矩阵 a '''
    output = []
    m = len(a)
    n = len(a[0])
    # 创建一个 n x m 的矩阵
    for i in range(n):
        output.append([])
        for j in range(m):
            # 把 a[j][i] 赋给 output[i][j]
            output[i].append(a[j][i])
    return output
```

　　我去掉了网格，并将 draw() 函数中 background() 的参数改成了 0。这样背景就是黑色的了，F 看起来就像在外太空旋转（见图 8-9）！

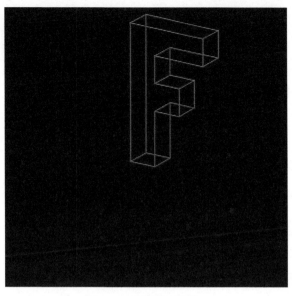

图 8-9　移动鼠标旋转 F

8.11　用矩阵解方程组

你有没有解过包含两个或三个未知数的方程组？这对每个数学学生来说都是棘手的任务。随着未知数的增多，方程组的求解也会变得愈发复杂。矩阵对于解这样的方程组很有用：

$$2x + 5y = -1$$
$$3x - 4y = -13$$

举例来说，可以用矩阵相乘来表示：

$$\begin{bmatrix} 2 & 5 \\ 3 & -4 \end{bmatrix} \begin{bmatrix} x \\ y \end{bmatrix} = \begin{bmatrix} -1 \\ -13 \end{bmatrix}$$

这看着很像代数方程 $2x = 10$，将两边同时除以 2 就可以轻松求解。要是可以将方程组的两边同时除以左边的矩阵就好了！

事实上，只要求出矩阵的逆就可以做到这一点，和一个数除以 2 和乘以 1/2 的结果相同是一个道理。这被称为 2 的**乘法逆**（multiplicative inverse），但它是一种复杂的方法。

8.11.1　高斯消元法

用矩阵解方程组的一种高效方法是，通过行变换将左边的 2×2 矩阵变换成**单位矩阵**（identity matrix），也就是相当于数 1 的矩阵。例如，将一个矩阵乘以单位矩阵，结果就是原矩阵，像这样：

$$\begin{bmatrix} 1 & 0 \\ 0 & 1 \end{bmatrix} \begin{bmatrix} x \\ y \end{bmatrix} = \begin{bmatrix} x \\ y \end{bmatrix}$$

等号右边的数就是未知数 x 和 y 的值，因此我们的目标是将 1 和 0 放在正确的位置上。1 的正确位置就是矩阵的对角线，像这样：

$$\begin{bmatrix} 1 & 0 \\ 0 & 1 \end{bmatrix} \text{ 或 } \begin{bmatrix} 1 & 0 & 0 \\ 0 & 1 & 0 \\ 0 & 0 & 1 \end{bmatrix}$$

单位矩阵就是对角线（即行号等于列号的位置）上都是 1 的方阵。

高斯消元法（Gaussian elimination）是一种对矩阵的一整行进行运算，以得到单位矩阵的方法。你可以将一行乘以或除以一个常数，还可以将一行加上或减去另一行。

在应用高斯消元法之前，我们要把系数和常数像这样排列到一个矩阵中：

$$\begin{bmatrix} 2 & 5 \\ 3 & -4 \end{bmatrix} \begin{bmatrix} x \\ y \end{bmatrix} = \begin{bmatrix} -1 \\ -13 \end{bmatrix} \rightarrow \begin{bmatrix} 2 & 5 & -1 \\ 3 & -4 & -13 \end{bmatrix}$$

然后我们将第一行整行除以一个可以让左上角的值变为 1 的数。也就是说，我们要将第一行中的每项都除以 2，因为 2/2 是 1。这步运算的结果如下：

$$\begin{bmatrix} 1 & 5/2 & -1/2 \\ 3 & -4 & -13 \end{bmatrix}$$

现在我们得到了要变为 0 的那项的**加法逆元**（additive inverse，加上另一个数后等于 0 的数）。例如，我们需要让第二行的 3 变为 0，因为我们想把这个矩阵变为单位矩阵。因为 3 的加法逆元是 –3，所以我们将第一行的每项都乘以 –3，再加到第二行的对应项上。这意味着我们要将第一行的 1 乘以 –3，然后将乘积（还是 –3）加给第二行的 3。我们对行中的所有项重复这个过程。例如，将第三列的 –1/2 乘以 –3（得到 1.5）然后加到该列的所有项上。在本例中，该列的所有项就是 –13，因此结果是 –11.5 或 –23/2。接着算完，应该得到如下结果：

$$\begin{bmatrix} 1 & 5/2 & -1/2 \\ 0 & -23/2 & -23/2 \end{bmatrix}$$

现在，对第二行要变为 1 的位置重复上面的过程。将每项都乘以 –2/23，结果如下：

$$\begin{bmatrix} 1 & 5/2 & -1/2 \\ 0 & 1 & 1 \end{bmatrix}$$

最后，我们将第二行乘以 5/2 的加法逆元，然后加到第一行上，因为我们想让第一行的 5/2 变为 0。我们将第一行的每项加上 −5/2 倍的第二行的对应项。注意，这不会影响到我们想在第一行保留的 1。

$$\begin{bmatrix} 1 & 0 & -3 \\ 0 & 1 & 1 \end{bmatrix}$$

现在最右边的一列就是方程组的解：$x = -3$，$y = 1$。

将它们代入原方程组，检验是否正确：

$$2(-3) + 5(1) = -6 + 5 = -1$$
$$3(-3) - 4(1) = -9 - 4 = -13$$

两个解都是正确的，但着实费劲。我们来用 Python 自动化这个过程，这样想解多大的方程组都没问题！

8.11.2 编写 gauss() 函数

本节将编写一个名为 gauss() 的函数，它将为我们求解方程组。用编程做这个好像有点复杂，但我们实际上只需编写两个步骤：

(1) 将行中的所有元素除以对角线上的项；
(2) 将行中的每一项加到另一行的对应项上。

1. 除行中所有项

第一步是用一个数除一行的所有项。比如有一行 [1,2,3,4,5]。我们用代码清单 8-18 所示的代码将这一行除以 2。新建一个 Python 文件，将其保存为 gauss.py，输入代码清单 8-18 所示的代码。

代码清单 8-18　用一个除数除一行的所有项

```
divisor = 2
row = [1,2,3,4,5]
for i, term in enumerate(row):
    row[i] = term / divisor
print(row)
```

这段代码遍历 row 列表，用 enumerate() 函数追踪索引和值。我们将列表的每一项 row[i] 替换成该项除以除数后的结果。运行这段代码，你将得到一个包含五个值的列表：

```
[0.5, 1.0, 1.5, 2.0, 2.5]
```

2. 将每个元素加到对应元素上

第二步是将一行的每个元素加到另一行的对应元素上。例如，将下面第零行的所有元素和第一行的所有元素相加，并用得到的和替换第一行的元素：

```
>>> my_matrix = [[2,-4,6,-8],
                 [-3,6,-9,12]]
>>> for i in range(len(my_matrix[1])):
        my_matrix[1][i] += my_matrix[0][i]
>>> print(my_matrix)
[[2, -4, 6, -8], [-1, 2, -3, 4]]
```

我们遍历 my_matrix 第二行（索引为 1）的所有元素。然后使第二行的每项（索引为 i）递增第一行（索引为 0）对应项的值。我们成功地将第一行的项加到了第二行上。注意，第一行的元素没有变。下面把这两步用到解方程组上。

3. 对每一行重复此过程

现在我们只需要对矩阵的每一行都进行这两步运算。我们称这个矩阵为 A。将 x 项、y 项和 z 项以及常数项依次排列好后，只把系数和常数放入矩阵：

$$A = \begin{bmatrix} 2 & 1 & -1 & 8 \\ -3 & -1 & 2 & -1 \\ -2 & 1 & 2 & -3 \end{bmatrix} \quad \Longleftarrow \quad \begin{aligned} 2x + y - z &= 8 \\ -3x - y + 2z &= -1 \\ -2x + y + 2z &= -3 \end{aligned}$$

首先，我们用代码清单 8-19 所示的代码将每行的所有项都除以对角线上的那一项，这样对角线项就都变成了 1。

代码清单 8-19　将行中所有项除以对角线项

```
for j,row in enumerate(A):
    # 将行中元素除以对角线项
    # 将对角线项化为 1
    if row[j] != 0: # 对角线项不能为 0
        divisor = row[j] # 除数是对角线项
        for i, term in enumerate(row):
            row[i] = term / divisor
```

我们用 enumerate() 函数获取 A 的每一行（[2,1,-1,8]），以及行的索引 j(本例中为 0)。对角线元素就是行号和列号相等的位置（比如第零行第零列或第一行第一列）上的元素。

接着遍历矩阵的其他行，进行第二步。对于其他的（行号 i 不等于外层循环的行号 j）每行，计算第 j 项的加法逆元，然后将第 j 行的每一项乘以加法逆元，再加给第 i 行的对应项。将代码清单 8-20 所示的代码加入 gauss() 函数。

```
for i in range(m):
    if i != j: # 对第 j 行不做此操作
        # 计算加法逆元
        addinv = -1*A[i][j]
        # 对于第 i 行的每一项
        for ind in range(n):
            # 将第 j 行的对应项
            # 乘以加法逆元
            # 再加到第 i 行的这一项上
            A[i][ind] += addinv*A[j][ind]
```

对于其他所有行，都要进行此操作，而行数是 m，因此这个循环是 for i in range(m)。我们要用当前行的第 j 项消去其他所有行的第 j 项，不需要对当前行进行消元，因此仅当 i 不等于 j 时才进行此操作。在本例中，矩阵 A 第一行的每项都要乘以 3 然后加到第二行的对应项上，还要乘以 2 再加到第三行的对应项上。这样，第二行和第三行的第一项就都是 0 了：

$$\begin{bmatrix} 1 & 1/2 & -1/2 & 4 \\ -3 & -1 & 2 & -1 \\ -2 & 1 & 2 & 3 \end{bmatrix} \longrightarrow \begin{bmatrix} 1 & 1/2 & -1/2 & 4 \\ 0 & 1/2 & 1/2 & 1 \\ 0 & 2 & 1 & 5 \end{bmatrix}$$

现在第一列完成了，下面需要将第二行的对角线元素变为 1，因此开始下一轮循环。

4. 把两步合在一起

将两段代码合并到 gauss() 函数中，并打印出结果。代码清单 8-21 是完整的代码。

```
def gauss(A):
    ''' 通过高斯消元法将矩阵变换为一个相同的矩阵，但其最后一列包含方程组的解 '''
    m = len(A)
    n = len(A[0])
    for j,row in enumerate(A):
        # 将行中元素除以对角线项
        # 将对角线项化为 1
        if row[j] != 0: # 对角线项不能为 0
            divisor = row[j]
            for i, term in enumerate(row):
                row[i] = term / divisor
        # 对于每行，将其他行
        # 与加法逆元相加
        for i in range(m):
            if i != j: # 对第 j 行不做此操作
                # 计算加法逆元
                addinv = -1*A[i][j]
                # 对于第 i 行的每一项
                for ind in range(n):
                    # 将第 j 行的对应项
```

```
                        # 乘以加法逆元
                        # 再加到第 i 行的这一项上
                        A[i][ind] += addinv*A[j][ind]
    return A
# 例子：
B = [[2,1,-1,8],
     [-3,-1,2,-1],
     [-2,1,2,-3]]
print(gauss(B))
```

输出应该是下面这样：

```
[[1.0, 0.0, 0.0, 32.0], [0.0, 1.0, 0.0, -17.0], [-0.0, -0.0, 1.0, 39.0]]
```

这是它的矩阵形式：

$$\begin{bmatrix} 1 & 0 & 0 & 32 \\ 0 & 1 & 0 & -17 \\ 0 & 0 & 1 & 39 \end{bmatrix}$$

看看每行的最后一个数，方程组的解就是 $x = 32$，$y = -17$ 和 $z = 39$。将它们代回原方程组：

$$2(32) + (-17) - (39) = 8, \text{正确!}$$
$$-3(32) - (-17) + 2(39) = -1, \text{正确!}$$
$$-2(32) + (-17) + 2(39) = -3, \text{正确!}$$

这是一项重大成就！现在我们可以解包含任意多未知数的方程组了！对于不会用 Python 的学生来说，解一个包含四未知数的方程组是一件费劲的事。不过还好我们会用 Python！每次我都会被 Python 如此迅速地给出正确的解所折服。如果你曾经手动进行过高斯消元，相信你做完练习 8-2 也会被折服。

练习 8-2：输入矩阵

用刚写的函数解下面的方程组：

$$2w - x + 5y + z = -3$$
$$3w + 2x + 2y - 6z = -32$$
$$w + 3x + 3y - z = -47$$
$$5w - 2x - 3y + 3z = 49$$

8.12　小结

你已经在这条数学的探险之路上走了很远！你先是学习了 Python 的基础知识来让小海龟到处爬动，接着创建了复杂一些的 Python 函数，解决了更难的数学问题。在本章中，你不仅学到了如何用 Python 做矩阵的加法和乘法，还亲身体验了矩阵是如何创建和变换 2D 和 3D 图形的！用 Python 对矩阵做加法、乘法、转置和其他运算的能力令人难以置信。

你还学习了如何将解方程组的过程自动化。同样的程序不仅适用于 3×3 的矩阵，还适用于 4×4 或者更大的方阵！

矩阵是构建神经网络的重要工具，通向和来自虚拟神经元的路径有数十条甚至数百条之多！一个输入会通过你在本章中实现的矩阵乘法和转置运算在神经网络中"传播"。

过去，计算机庞大而又昂贵，可以占据一所大学或一家大公司的一整层楼，你在本章做到的事情对当时接触不到计算机的人来说是遥不可及的。如今，你可以用 Python 执行快如闪电的矩阵计算，并用 Processing 将结果可视化！

本章指出了瞬间得出复杂方程组的解，以及图形对鼠标动作做出即时反应是多么棒的事情。下一章将创建一个包含草和小羊的生态系统模型，并让它自行运转。随着小羊的出生、进食、繁殖和死亡，模型会随着时间的推移而发生变化。只有在模型运转一段时间后，我们才能判断环境能否在草的生长和羊的进食、繁殖之间找到平衡。

第三部分

开辟你自己的道路

## 第 9 章

用类构建对象

老师永远不死，只是不再上课。

——佚名

你之前在 Processing 中用函数和其他代码制作出了非常棒的图形，下面将使用类来增强自己的创造力。**类**（class）是一种可以用来创建新对象类型的结构。对象类型［通常简称为**对象**（object）］可以拥有**属性**（property，也就是变量）和**方法**（method，也就是函数）。有时候，你想用 Python 画出多个物体，但是工作量会很大。类可以让绘制拥有相同属性的多个对象变得轻松，但你需要学习特定的语法。

下面的例子来自 Python 官网，展示了如何用类创建一个 Dog 对象。在 IDLE 中新建一个文件，将其保存为 dog.py 并输入如下代码。

dog.py

```
class Dog:
    def __init__(self,name):
        self.name = name
```

这段代码用 class Dog 创建了一个新的类。将类名的首字母大写是 Python 和许多语言的惯例，但不大写也没关系。要实例化（或创建）一个类的对象，需要使用 Python 的 __init__ 方法。注意 init 的前后各有两个下划线，表示这是一个创建［或**构造**（construct）］对象的特殊方法。

有了这个方法，就可以创建类的实例了（在本例中是小狗）。在 __init__ 方法中，我们给类赋予任何想要的属性。因为这是一个"小狗"类，它可以有一个名字属性。又因为每条小狗都有自己的名字，所以我们用了 self 语法。我们不需要在实例化对象的时候显式地调用它，只要定义它就行了。

我们可以用下面这行代码创建一条有名字的小狗：

```
d = Dog('Fido')
```

现在 d 是一个名字叫 Fido 的 Dog 了。你可以运行这个程序，然后在 shell 中输入下面这行代码来确认它的名字：

```
>>> d.name
'Fido'
```

现在调用 d.name 会得到 Fido，因为它就是我们赋给 d 的 name 属性。我们可以创建另一个 Dog 并将名字 Bettisa 赋给它，像这样：

```
>>> b = Dog('Bettisa')
>>> b.name
'Bettisa'
```

可以看到小狗的名字可以不同，但程序会完美地记住它们的名字！当我们给类赋予位置等其他属性时，这一点将至关重要。

最后，我们可以给类加一个函数，让小狗做点事情。不过不要叫它函数！类内的函数应该叫**方法**。小狗会叫，因此我们把这个方法添加到代码清单 9-1 中。

代码清单 9-1　创建会叫的小狗（dog.py）

```
class Dog:
    def __init__(self,name):
        self.name = name

    def bark(self):
        print("Woof!")

d = Dog('Fido')
```

调用小狗 d 的 bark() 方法，它就叫了：

```
>>> d.bark()
Woof!
```

从这个简单的例子可能无法看出为什么要定义一个 Dog 类，但由此你知道了可以用类做任何事情，可以尽情发挥自己的创造力。本章将用类创建许多有用的对象，比如弹跳球和吃草的小羊。下面就从弹跳球的例子开始，看看如何使用类做一些炫酷的事情并省去大量的工作。

9.1　弹跳球程序

新建一个 Processing 草图，并将其保存为 BouncingBall.pyde。先在屏幕上画一个圆，用来做成弹跳球。代码清单 9-2 展示画这个圆的代码。

代码清单 9-2　画一个圆（BouncingBall.pyde）

```
def setup():
    size(600,600)

def draw():
    background(0)  # 黑色
    ellipse(300,300,20,20)
```

首先，将窗口大小设为 600 像素 × 600 像素。然后将背景色设为黑色，并用 ellipse() 函数画一个圆。这个函数的前两个参数描述了圆心到窗口左上角的距离，后两个参数描述椭圆的长度和宽度。在本例中，ellipse(300,300,20,20) 创建了一个长和宽都是 20 像素的圆，位于窗口的中心，如图 9-1 所示。

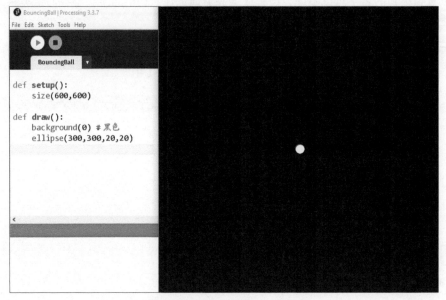

图 9-1　为弹跳球草图画一个圆

我们成功地在显示窗口中心创建了一个圆，下面就让它动起来。

9.1.1　让小球动起来

我们将通过改变小球的位置来让它移动。为此，先创建一个 x 坐标变量、一个 y 坐标变量，并将它们的值设为 300，也就是屏幕中央。在代码清单 9-2 的开头插入如代码清单 9-3 所示的两行。

代码清单 9-3　设置 x 坐标和 y 坐标变量（BouncingBall.pyde）

```
xcor = 300
ycor = 300

def setup():
    size(600,600)
```

这里用变量 xcor 表示 x 坐标，用 ycor 表示 y 坐标。然后将两个变量的值都设为 300。

现在我们来改变这两个变量，以改变圆的位置。确保画圆的时候以这两个变量为参数，如代码清单 9-4 所示。

代码清单 9-4　递增 xcor 和 ycor 以改变圆的位置（BouncingBall.pyde）

```
xcor = 300
ycor = 300

def setup():
    size(600,600)

def draw():
❶   global xcor, ycor
    background(0)  # 黑色
    xcor += 1
    ycor += 1
    ellipse(xcor,ycor,20,20)
```

需要注意的一行是 global xcor, ycor（见 ❶），它告诉 Python 使用我们已经创建的变量，不要再创建仅限 draw() 使用的、新的同名变量了。如果不加这一行，就会得到一条错误信息，内容大概是 "local variable 'xcor' referenced before assignment"（本地变量 xcor 在赋值前被引用）。Processing 知道 xcor 和 ycor 的值后，就会将它们递增 1，然后画出以它们指定的位置为圆心的圆。

保存并运行代码清单 9-4 中的代码，应该可以看到小球动起来了，如图 9-2 所示。

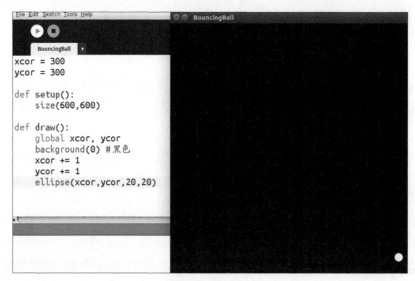

图 9-2 小球动了

目前小球向右下方运动，这是因为 *x* 坐标和 *y* 坐标的值在同时增大，但它之后就离开屏幕而且再也不回来了！程序乖乖地不停递增我们的两个变量，并不知道我们要画一个碰到墙壁就会反弹的小球。我们来探索如何不让小球消失。

9.1.2 让小球从墙上弹回

当我们改变 *x* 坐标和 *y* 坐标时，也改变了物体的位置。在数学上，位置随时间的变化叫作**速度**（velocity）。*x* 随时间的变化量为正（*x* 速度为正）表现为向右移动（因为 *x* 变大了），而 *x* 速度为负则表现为向左移动。我们可以利用这个"右正左负"的概念使小球从墙壁上弹回。首先，向现有代码中加入代码清单 9-5 中黑色的几行，创建 *x* 速度和 *y* 速度变量。

代码清单 9-5　加上让小球从墙上弹回的代码（BouncingBall.pyde）

```
xcor = 300
ycor = 300
xvel = 1
yvel = 2

def setup():
    size(600,600)

def draw():
    global xcor,ycor,xvel,yvel
    background(0)  # 黑色
    xcor += xvel
    ycor += yvel
    # 如果小球碰到墙，就改变方向
    if xcor > width or xcor < 0:
        xvel = -xvel
```

```
    if ycor > height or ycor < 0:
        yvel = -yvel
    ellipse(xcor,ycor,20,20)
```

我们将 xvel 的值设为 1、yvel 的值设为 2，指定小球的运动方式。你也可以用其他值看看它们是如何改变小球的运动方式的。然后在 draw() 函数中，我们告诉 Python xvel 和 yvel 都是全局变量，我们将用它们的值递增 x 坐标和 y 坐标。例如，当我们设置 xcor += xvel 时，就通过速度（位置的**变化**）更新了位置。

两个 if 语句告诉程序，一旦小球的圆心越过窗口的边界，就将它的速度变为当前值的相反数。这会使小球向和之前相反的方向运动，看起来就像是从墙上反弹了回来。

我们需要用小球的坐标明确地表达出，它应该在什么条件下反向运动。例如，xcor > width 表示 xcor 大于窗口宽度的情况，也就是小球的圆心触碰到了窗口的右边缘。xcor < 0 表示小球的圆心碰到了窗口左边缘。类似地，ycor > height 检查小球是否到达了窗口的底部。最后，ycor < 0 检查它是否到达了窗口上边缘。因为向右运动时 x 速度为正（x 方向上的变化量为正），所以向反方向运动时速度就是负 x。如果速度已经是负的了（正在向左运动），那么负负得正，小球碰到墙壁后将如我们所愿向右运动。

运行代码清单 9-5 中的代码，输出如图 9-3 所示。

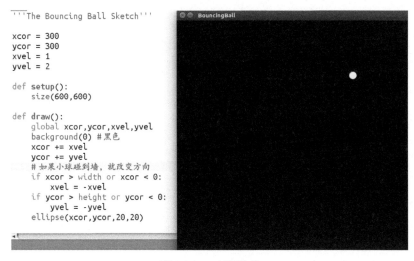

图 9-3　一个弹跳球

这个小球会从墙上弹回，因此会一直待在窗口里。

9.1.3　不用类创建多个小球

假设我们要创建另外一个或多个小球，应该怎么做呢？我们可以为第二个小球的 x 坐标创建一个新变量，为它的 y 坐标创建另一个变量，为它的 x 速度创建第三个变量，再为它的 y 速度创建第四个变量。然后，要根据它的速度递增它的坐标，检查是否需要反弹，最后把它画出来。然而，我们最后得到的代码量翻了 1 倍！再加一个小球，代码量就是原来的 3 倍！ 20 个小球？那就想都别想了。你是不会想记录下所有这些位置和速度变量的。代码清单 9-6 展示了这样的代码。

代码清单 9-6　不用类创建多个小球。代码太多了

```
# 第一个小球：
ball1x = random(width)
ball1y = random(height)
ball1xvel = random(-2,2)
ball1tvel = random(-2,2)

# 第二个小球：
ball2x = random(width)
ball2y = random(height)
ball2xvel = random(-2,2)
ball2tvel = random(-2,2)

# 第三个小球：
ball3x = random(width)
ball3y = random(height)
ball3xvel = random(-2,2)
ball3tvel = random(-2,2)

# 更新第一个小球：
ball1x += ball1xvel
ball1y += ball1yvel
ellipse(ball1x,ball1y,20,20)

# 更新第二个小球：
ball2x += ball2xvel
ball2y += ball2yvel
ellipse(ball2x,ball2y,20,20)

# 更新第三个小球：
ball3x += ball3xvel
ball3y += ball3yvel
ellipse(ball3x,ball3y,20,20)
```

这只是创建三个小球的代码。可以看到它已经很长了，但是还没有加上反弹部分的代码！我们来看看如何用类简化这段代码。

9.1.4　用类创建对象

在编程中，类就像一份"配方"，详细描述了如何创建具有自己特定属性的对象。有了类，我们只需要告诉 Python 一次该如何创建小球。然后我们要做的就是用 for 循环创建一堆小球，并把它们放到一个列表中。列表对保存多个项目（如字符串、数和对象）非常有用！

使用类创建对象要遵循以下三步。

(1) **编写类**。这就像制作小球、行星和火箭等的"配方"。
(2) **实例化对象**。在 setup() 函数中调用类。
(3) **更新对象的状态**。在 draw() 函数中进行。

我们来根据这三步将之前写的代码放到一个类里。

1. 编写类

用类创建对象的第一步是编写一个告诉程序如何创建对象的类。在现有的程序开头加入代码清单 9-7 所示的代码。

代码清单 9-7　定义一个 Ball 类（BouncingBall.pyde）

```
ballList=[]  # 用来存放所有小球的空列表

class Ball:
    def __init__(self,x,y):
        ''' 如何初始化一个 Ball'''
        self.xcor = x
        self.ycor = y
        self.xvel = random(-2,2)
        self.yvel = random(-2,2)
```

注意，因为我们将坐标和速度变量作为属性放在了 Ball 类里，所以可以删掉代码中的下面几行：

```
xcor = 300
ycor = 300
xvel = 1
yvel = 2
```

在代码清单 9-7 中，我们创建了一个将要保存小球的空列表，然后开始定义配方。类的名字（在本例中是 Ball）始终要首字母大写。在 Python 中定义类需要 __init__ 方法，它包含该类的对象在初始化时包含的所有属性，否则这个类将无法工作。

self 语法的意思是每个对象都有自己的方法和属性，也就是说每个 Ball 都有自己的 xcor、自己的 ycor，等等。因为我们可能需要在特定的某个位置创建一个 Ball，所以将 x 和 y 作为 __init__ 方法的参数。加上这两个参数可以让我们在创建一个 Ball 时告诉 Python 它的位置，像这样：

```
Ball(100,200)
```

在本例中，小球在坐标 (100, 200) 的位置。

代码清单 9-7 的最后两行让 Processing 将两个 –2 和 2 之间的随机数赋给新小球的 x 速度和
y 速度。

2. 实例化对象

定义好了 Ball 类，我们需要告诉 Processing 在每轮循环中 draw() 函数被调用时如何更新小
球的状态。我们将在 Ball 类中将它定义为 update() 方法。只需要将之前更新小球状态的代码剪
切粘贴进 update() 方法，并在所有属性前加上 self. 即可，如代码清单 9-8 所示。

代码清单 9-8　定义 update() 方法（BouncingBall.pyde）

```
ballList=[]  # 用来存放所有小球的空列表

class Ball:
    def __init__(self,x,y):
        ''' 如何初始化一个 Ball'''
        self.xcor = x
        self.ycor = y
        self.xvel = random(-2,2)
        self.yvel = random(-2,2)

    def update(self):
        self.xcor += self.xvel
        self.ycor += self.yvel
        # 如果小球碰到墙，就改变方向
        if self.xcor > width or self.xcor < 0:
            self.xvel = -self.xvel
        if self.ycor > height or self.ycor < 0:
            self.yvel = -self.yvel
        ellipse(self.xcor,self.ycor,20,20)
```

这里将所有移动和反弹小球的代码放进了 Ball 类的 update() 方法中。我们给速度变量新
加上了 self，使它们变成了 Ball 对象的速度属性。虽然看起来有很多 self，但正是它们告诉了
Python：这些变量属于这个特定的小球，而不是别的小球。我们很快就要用 Python 更新一百个
小球的状态，因此需要 self 来记录每个小球的位置和速度。

既然程序知道如何创建并更新小球了，我们就来更新 setup() 函数，创建三个小球并将它
们放进小球列表（ballList）中，如代码清单 9-9 所示。

代码清单 9-9　在 setup() 函数中创建三个小球

```
def setup():
    size(600,600)
    for i in range(3):
        ballList.append(Ball(random(width),
                             random(height)))
```

我们已经在代码清单 9-7 中创建了 ballList，这里将一个位置随机的 Ball 加入这个列表。
每当程序创建(实例化)一个新小球，它会随机选取一个 0 和窗口宽度之间的数作为小球的 x 坐标，

以及另一个 0 和窗口高度之间的数作为小球的 *y* 坐标。然后，它将新小球放进列表里。因为循环是 for i in range(3)，所以程序会将三个小球放进小球列表。

3. 更新对象的状态

用下面的 draw() 函数遍历 ballList 并更新小球的状态（画出小球）：

BouncingBall.pyde

```
def draw():
    background(0)  # 黑色
    for ball in ballList:
        ball.update()
```

注意，我们仍需要黑色背景色，然后遍历小球列表，运行每个小球的 update() 方法。之前 draw() 里的代码都在 Ball 类里了！

运行这个草图，你应该可以看到有三个小球在窗口中到处运动并会在墙上弹回！用类的一大好处在于，要改变小球的数量很简单，只需要改变 setup() 函数中 for i in range(number): 里的 number 即可。把它改成 20 就会得到如图 9-4 所示的画面。

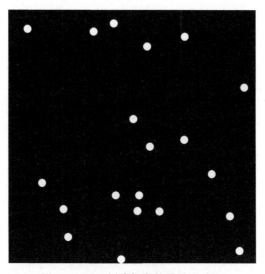

图 9-4 可以创建任意数量的小球了

类很棒的一点在于，你可以用其赋予对象你想要的属性和方法。例如，我们不必让所有小球的颜色都一样。向 Ball 类加入代码清单 9-10 中的三行代码。

代码清单 9-10 更新 Ball 类（BouncingBall.pyde）

```
class Ball:
    def __init__(self,x,y):
        ''' 如何初始化一个 Ball'''
```

```
self.xcor = x
self.ycor = y
self.xvel = random(-2,2)
self.yvel = random(-2,2)
self.col = color(random(255),
                 random(255),
                 random(255))
```

这段代码在创建小球时赋予它一个随机的颜色。Processing 的 color() 函数需要三个分别代表红色、绿色和蓝色值的数（默认 RGB 模式）。RGB 值为从 0 到 255。用 random(255) 让程序随机选择一个数，从而生成一个随机的颜色。不过 __init__ 方法只在初始化时执行一次，小球被赋予颜色后将不再变色。

接下来，在 update() 方法中加入下面一行，给小球填充它自己的随机颜色：

```
fill(self.col)
ellipse(self.xcor,self.ycor,20,20)
```

在画出形状或线之前，你可以用 fill 声明形状的颜色，用 stroke 声明线的颜色。这里我们告诉 Processing 使用小球自己的颜色（通过 self）填充接下来的形状。

运行这个程序，每个小球都应该有随机的颜色了，如图 9-5 所示。

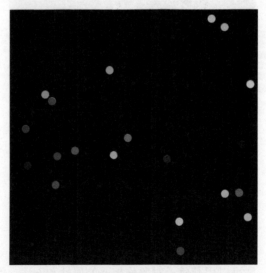

图 9-5　给小球自己的颜色

练习 9-1：创建不同大小的小球

给每个小球自己的大小，介于 5 和 50 个单位之间。

9.2 "羊吃草"程序

你学会了定义类，下面就来做点有用的事吧。我们将编写一个生态系统的 Processing 草图，模拟小羊到处走动和吃草。在这个草图中，小羊拥有一定水平的能量，会随着走动而被消耗，也会随着吃草而被补充。小羊一旦拥有了足够的能量，就会繁殖（无性繁殖）；如果没有足够的能量，则会死去。通过创建和调整这个模型，我们可以学到很多生物学、生态学和进化论的知识。

在这个程序中，Sheep 类的对象有些像本章之前创建的 Ball 对象，都有自己的 x 坐标和 y 坐标以及大小，并且都用一个圆表示。

9.2.1 编写表示小羊的类

新建一个 Processing 草图，并将其保存为 SheepAndGrass.pyde。首先定义一个 Sheep 类，可以用它创建带有 x 坐标和 y 坐标以及大小属性的对象。然后定义一个 update 方法，在小羊所在的位置画一个代表它的圆。

Sheep 类的代码和 Ball 类的几乎一样，如代码清单 9-11 所示。

代码清单 9-11　为小羊定义一个类（SheepAndGrass.pyde）

```python
class Sheep:
    def __init__(self,x,y):
        self.x = x  # x 坐标
        self.y = y  # y 坐标
        self.sz = 10  # 大小

    def update(self):
        ellipse(self.x,self.y,self.sz,self.sz)
```

因为我们知道需要创建一群小羊，所以从定义一个 Sheep 类开始。在必需的 __init__ 方法中，我们将小羊的 x 坐标和 y 坐标设为实例化时接收的参数。我将小羊的大小（圆的半径）设为了 10 像素，你也可以把它设小一点儿或大一点儿。update() 方法简单地在小羊的位置画一个小羊大小的圆。

下面的 setup() 和 draw() 函数创建了一只小羊 shawn。在代码清单 9-11 的 update() 方法后加入代码清单 9-12 所示的代码。

代码清单 9-12　创建一个名为 shawn 的 Sheep 对象

```python
def setup():
    global shawn
    size(600,600)
    # 在 (300,200) 处创建一个名为 shawn 的 Sheep 对象
    shawn = Sheep(300,200)
```

```
def draw():
    background(255)
    shawn.update()
```

我们先在 setup() 函数中创建了 shawn，它是 Sheep 类的一个实例。然后在 draw() 函数中更新它——但 Python 不知道我们指的是同一个 shawn，除非我们告诉它 shawn 是一个全局变量。

运行这段代码，应该看到如图 9-6 所示的画面。

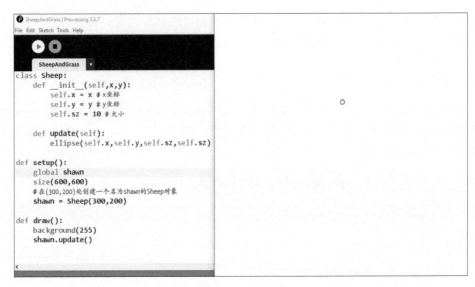

图 9-6　一只小羊

有一只小白羊出现在白色窗口中坐标 (300, 200) 的位置，也就是在原点右边 300 像素、下方 200 像素处。

9.2.2　让小羊四处走动

下面来教 Sheep 如何四处走动。我们从编程让 Sheep 随机走动开始。（你也可以编程让它以其他方式走动。）代码清单 9-13 将 Sheep 的 x 坐标和 y 坐标递增一个 −10 和 10 之间的随机数，将其中的代码加入你的 update() 方法。

代码清单 9-13　让小羊随机走动（SheepAndGrass.pyde）

```
def update(self):
    # 让小羊随机走动
    move = 10    # 它在任意方向上移动的最大距离
    self.x += random(-move, move)
    self.y += random(-move, move)
    fill(255)    # 白色
    ellipse(self.x,self.y,self.sz,self.sz)
```

这段代码创建了一个变量 move，指定小羊在窗口中每次移动的最大距离。然后我们将 move 设为 10，给小羊的 x 坐标和 y 坐标加上一个 -move（–10）和 move（10）之间的随机数。最后，用 fill(255) 将小羊的颜色设为白色。

运行程序，应该可以看到 shawn 在随机乱跑——有可能跑出窗口。

我们来给 shawn 加几个小伙伴。如果想创建和更新多个对象，最好把它们放到一个列表里。然后就可以在 draw() 函数中遍历列表，更新每个 Sheep 了。将你的代码更新为如代码清单 9-14 所示。

代码清单 9-14　用 for 循环创建更多小羊（SheepAndGrass.pyde）

```
class Sheep:
    def __init__(self,x,y):
        self.x = x  # x 坐标
        self.y = y  # y 坐标
        self.sz = 10  # 大小

    def update(self):
        # 让小羊随机走动
        move = 10  # 它在任意方向上移动的最大距离
        self.x += random(-move, move)
        self.y += random(-move, move)
        fill(255)  # 白色
        ellipse(self.x,self.y,self.sz,self.sz)

sheepList = []  # 存储小羊的列表

def setup():
    size(600,600)
    for i in range(3):
        sheepList.append(Sheep(random(width),
                               random(height)))
def draw():
    background(255)
    for sheep in sheepList:
        sheep.update()
```

这段代码和之前弹跳球列表的代码相似。首先创建一个存储小羊的列表，接着用一个 for 循环将三个 Sheep 放入列表。然后在 draw() 函数中，用另一个 for 循环遍历小羊列表，用 update() 方法更新每只小羊的状态。运行这段代码，应该可以看到有三个 Sheep 在乱跑。可以将 for i in range(3) 中的 3 改成更大的数来添加更多的小羊。

9.2.3　添加能量属性

走动会消耗能量！我们将在创建小羊时赋予其一定的能量，并在它们走动时消耗能量。将你的 __init__ 和 update() 方法更新为如代码清单 9-15 所示。

```
class Sheep:
    def __init__(self,x,y):
        self.x = x  # x 坐标
        self.y = y  # y 坐标
        self.sz = 10  # 大小
        self.energy = 20  # 能量值

    def update(self):
        # 让小羊随机走动
        move = 1
        self.energy -= 1  # 走动消耗能量
        if self.energy <= 0:
            sheepList.remove(self)
        self.x += random(-move, move)
        self.y += random(-move, move)
        fill(255)  # 白色
        ellipse(self.x,self.y,self.sz,self.sz)
```

我们在 __init__ 方法中创建了一个 energy 属性并将它初始化为 20，这就是每只小羊的初始能量值。update() 方法中的 self.energy -= 1 使得小羊每走一步就降低 1 能量值。

然后我们检查小羊的能量是否耗尽。如果是，就将它从 sheepList 中移除。这里，我们检查条件表达式 self.energy <= 0 的值是否为 True。如果是，就用列表的 remove() 方法将这只小羊从 sheepList 中移除。一旦一个 Sheep 被列表删除并且不再以其他任何方式被引用，它就会消失。

9.2.4　用类创建草

运行这个程序，你将看到 Sheep 们四处走了几秒，然后就消失了——运动消耗小羊的能量，能量用完小羊就死了。我们需要让小羊吃草补充能量。我们将定义一个 Grass 类，每块草地都是它的一个对象。Grass 将拥有自己的 x 坐标和 y 坐标、大小以及能量。它被吃掉后颜色还会发生变化。

事实上，我们的草图将用不同的颜色来画小羊和草。在程序的开头加入代码清单 9-16 所示的代码，这样就可以根据颜色的名称引用它们了。你也可以随意添加其他颜色。

```
WHITE = color(255)
BROWN = color(102,51,0)
RED = color(255,0,0)
GREEN = color(0,102,0)
YELLOW = color(255,255,0)
PURPLE = color(102,0,204)
```

将颜色名字全部大写表示它们是常量，值不会改变，但这只是从程序员的角度来说的。常量本身并无特别之处，如果你想的话也可以改变它们的值。设置这些常量可以让你直接写下颜色的名称，而不需要每次都写出 RGB 值。在你的 Sheep 类的定义后加入代码清单 9-17 所示的代码。

代码清单 9-17　编写 Grass 类

```
class Grass:
    def __init__(self,x,y,sz):
        self.x = x
        self.y = y
        self.energy = 5  # 吃掉这块草获取的能量
        self.eaten = False  # 还未被吃掉
        self.sz = sz

    def update(self):
        fill(GREEN)
        rect(self.x,self.y,self.sz,self.sz)
```

你可能已经开始习惯类的结构了。它通常从 __init__ 方法开始，并在这里创建类的属性。在本例中，我们告诉程序 Grass 类将有一个 x 坐标、一个 y 坐标、一个能量值、一个记录它是否被吃掉了的布尔值（True/False）变量，还有一个大小。要更新一块草地的状态，我们先在它所在的位置画一个绿色的正方形。

现在我们要初始化和更新草了，和对小羊所做的一样。因为会有很多块草地，那就为它们创建一个列表吧。在 setup() 函数之前加入如下代码：

```
sheepList = []  # 存储小羊的列表
grassList = []  # 存储草的列表
patchSize = 10  # 每块草地的大小
```

我们以后可能会改变草地的大小，因此创建一个名为 patchSize 的变量，这样只需要在一个地方修改它就可以了。在 setup() 函数中，创建小羊之后，加入代码清单 9-18 所示的代码来创建草。

代码清单 9-18　利用变量 patchSize 创建草

```
def setup():
    global patchSize
    size(600,600)
    # 创建小羊
    for i in range(3):
        sheepList.append(Sheep(random(width),
                                random(height)))
    # 创建草
    for x in range(0,width,patchSize):
        for y in range(0,height,patchSize):
            grassList.append(Grass(x,y,patchSize))
```

在本例中，global patchSize 告诉 Python，我们要在不同地方使用的是同一个 patchSize 变量。接着，用两个 for 循环（一个用于 x，另一个用于 y）将 Grass 对象添加到草列表中，这样就可以画出正方形的草网格了。

然后，在 draw() 函数中更新所有对象，就和之前更新小羊一样。因为先画出来的会被后画出来的覆盖，所以我们先更新草，将 draw() 函数更改为如代码清单 9-19 所示。

代码清单 9-19　在更新小羊之前更新草（SheepAndGrass.pyde）

```python
def draw():
    background(255)
    # 先更新草
    for grass in grassList:
        grass.update()
    # 然后更新小羊
    for sheep in sheepList:
        sheep.update()
```

运行代码，你应该可以看到如图 9-7 所示的绿色正方形网格。

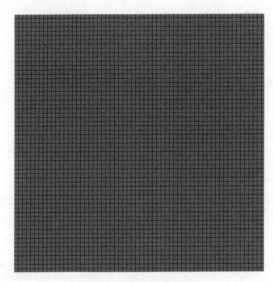

图 9-7　带网格线的草

我们把黑色的轮廓线去掉，让它看起来像一整片光滑的草地。在 setup() 函数中加入一行 noStroke()，去掉绿色网格中的轮廓线：

```python
def setup():
    global patchSize
    size(600,600)
    noStroke()
```

现在我们有草了！

9.2.5　让草被吃掉后变成棕色

我们想让小羊在踏上一块草地时获得这块草地的能量并将草由绿变棕，以做出小羊吃草的效果，不过该怎样做呢？将 Grass 的 update() 方法改成下面这样：

```
def update(self):
    if self.eaten:
        fill(BROWN)
    else:
        fill(GREEN)
    rect(self.x,self.y,self.sz,self.sz)
```

这段代码告诉 Processing，如果这块草的状态是"已被吃"（eaten），画出的正方形就应该是棕色的。否则，它应该被画成绿色的。这里有不止一种让小羊"吃掉"草的方法。一种是让每块草地检查整个 sheepList，看看有没有小羊在它上面。这意味着会有成千块草地检查成千只小羊的位置，操作次数会变得过多。不过，既然每块草地都在 grassList 里，还可以让小羊改变位置后直接将该位置上的草变为"已被吃"的状态（如果它之前还没被吃）并获取它的能量。这样检查的次数就少多了。

不过问题在于，小羊的 x 坐标和 y 坐标与草在 grassList 中的索引并不是完全对应的。例如，由于 patchSize 是 10，那么如果小羊的坐标是 (92, 35)，它会在从左往右数第十块、从上往下数第四块草地上（因为"第一块"草地的范围是从 $x = 0$ 到 $x = 9$）。我们将小羊的坐标除以 patchSize 得到"缩小的" x 值和 y 值，即 9 和 3。

然而，grassList 并没有行和列。我们知道，如果有行和列的话，x 值为 9 意味着它是第十行（别忘了是如何将它们放进列表的），所以只要加上 9 行 60（高度除以 patchSize）然后加上 y 值就得到了小羊所在草地的索引。因此，我们需要一个记录一行中草地块数的变量 rows_of_grass。在 setup() 函数的开头加上 global rows_of_grass，然后在 size(600,600) 后加上下面这行代码：

```
rows_of_grass = height/patchSize
```

它将窗口宽度除以一块草地的宽度，告诉我们整片草地有多少列。向 Sheep 类加入代码清单 9-20 所示的代码。

代码清单 9-20　更新小羊的能量值并将草变为棕色（SheepAndGrass.pyde）

```
    self.x += random(-move, move)
    self.y += random(-move, move)
    # 像游戏 Asteroids 一样"扭转"世界
❶  if self.x > width:
        self.x %= width
    if self.y > height:
        self.y %= height
    if self.x < 0:
        self.x += width
```

```
    if self.y < 0:
        self.y += height
    # 在 grassList 中找到所在的那块草地
❷   xscl = int(self.x / patchSize)
    yscl = int(self.y / patchSize)
❸   grass = grassList[xscl * rows_of_grass + yscl]
    if not grass.eaten:
        self.energy += grass.energy
        grass.eaten = True
```

更新小羊的位置后，如果它即将走出窗口，我们就将其坐标"扭转"到窗口的对侧（见 ❶）。就像电子游戏 *Asteroids* 中那样，小羊以某个方位从屏幕一侧消失之后，会立即在屏幕对侧以相同的方位出现。我们根据 patchSize 计算小羊在哪块草地上（见 ❷）。然后用算出的 *x* 值和 *y* 值计算那块草地在 grassList 中的索引（见 ❸）。如果上面的草还没被吃掉，小羊就吃掉它！小羊将得到它的能量，并且它的 eaten 属性会被设为 True。

运行代码，你将看到有三只小羊到处跑着吃草，被吃掉的草变成了棕色。你可以通过减小 move 变量的值（比如减小到 5）来降低小羊的速度，也可以通过减小 patchSize 变量的值（比如减小到 5）来缩小草块。你还可以试试其他值。

现在我们可以创建更多 Sheep 了。我们将 for i in range 一行中的数改为 20，像这样：

```
# 创建小羊
for i in range(20):
    sheepList.append(Sheep(random(width),
                           random(height)))
```

运行程序，应该会看到如图 9-8 所示的画面。

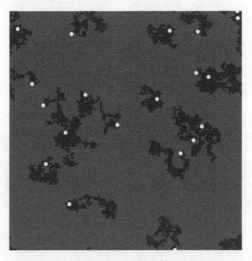

图 9-8 一群小羊

现在有 20 只小羊在到处走动，并在身后留下棕色的草。

9.2.6　给每只小羊涂上随机的颜色

我们让小羊在"出生"时选择一个颜色吧。在定义颜色常量后，将一些颜色放入一个颜色列表，像这样：

```
YELLOW = color(255,255,0)
PURPLE = color(102,0,204)
colorList = [WHITE,RED,YELLOW,PURPLE]
```

对 Sheep 类做出如下改变，以使用不同的颜色。首先，赋予 Sheep 一个颜色属性，如代码清单 9-21 所示。因为 color 是 Processing 的关键字，所以我们用 col 代替。

代码清单 9-21　给 Sheep 类加上一个颜色属性

```
class Sheep:
    def __init__(self,x,y,col):
        self.x = x  # x 坐标
        self.y = y  # y 坐标
        self.sz = 10  # 大小
        self.energy = 20
        self.col = col
```

然后在 update() 方法中，将 fill 一行改成下面这样：

```
        fill(self.col)  # 它自己的颜色
        ellipse(self.x,self.y,self.sz,self.sz)
```

在画出圆之前，fill(self.col) 告诉 Processing 给圆涂上 Sheep 自己的颜色。

当每个 Sheep 在 setup() 函数中被实例化时，你需要提供一个随机的颜色。也就是说，在程序开头，你需要从 random 模块导入 choice() 函数，像这样：

```
from random import choice
```

Python 的 choice() 函数可以返回一个列表中随机的一项，像下面这样让程序做到这一点：

```
choice(colorList)
```

现在程序会从颜色列表随机返回一个值。最后，在创建 Sheep 的时候，将随机选择的颜色作为 Sheep 构造函数的参数传递给它，像这样：

```
def setup():
    size(600,600)
    noStroke()
```

```
# 创建小羊
for i in range(20):
    sheepList.append(Sheep(random(width),
                           random(height),
                           choice(colorList)))
```

现在运行程序，应该可以看到一群颜色随机的小羊在窗口中到处走动，如图 9-9 所示。

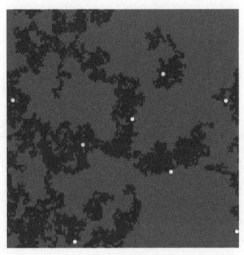

图 9-9　多彩小羊

每只小羊都被赋予了我们在 colorList 中定义的白、红、黄、紫四种颜色之一。

9.2.7　让小羊繁殖

不幸的是，在我们目前的程序中，小羊会一直吃草直到跑到没有草的地方，最后耗尽能量而死。为了避免这一情况发生，我们让小羊用一部分能量来繁殖。

用代码清单 9-22 所示的代码让能量值达到 50 的小羊繁殖。

代码清单 9-22　加上一个让小羊繁殖的条件语句

```
if self.energy <= 0:
    sheepList.remove(self)
if self.energy >= 50:
    self.energy -= 30  # 分娩消耗能量
    # 向列表添加一只新的小羊
    sheepList.append(Sheep(self.x,self.y,self.col))
```

条件语句 if self.energy >= 50: 检查小羊的能量值是否大于等于 50。如果是，我们将能量值递减 30 表示分娩，然后向小羊列表添加一只新的小羊。注意新小羊的位置和颜色与它的亲代相同。运行程序，应该可以看到小羊的繁殖，如图 9-10 所示。

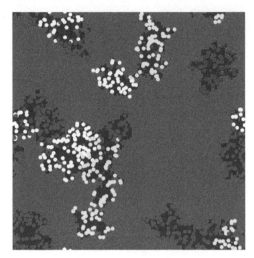

图 9-10　小羊吃草并繁殖

很快，你就可以看到颜色相同的小羊部落了。

9.2.8　让草再生

不幸的是，小羊很快就吃完了它们所在区域的草，然后死了。（这可能是个教训吧。）我们得让草重新长出来。为此，将 Grass 的 update() 方法改成下面这样：

```
def update(self):
    if self.eaten:
        if random(100) < 5:
            self.eaten = False
        else:
            fill(BROWN)
    else:
        fill(GREEN)
    rect(self.x,self.y,self.sz,self.sz)
```

代码 random(100) 会生成一个 0 到 100 的随机数。如果生成的随机数小于 5，我们将这块草的 eaten 属性设为 False，使草再生。我们之所以用 5，是因为要让每块被吃掉的草在每一帧中有 5/100 的概率再生。如果随机数大于 5，它就不会再生。

运行程序，应该看到如图 9-11 所示的画面。

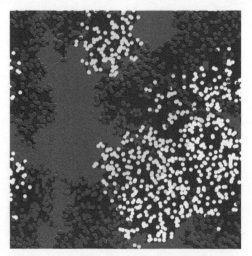

图 9-11　草再生了，羊群遍布整个屏幕

现在程序中可能会有太多的小羊，以至于运行开始变慢！这可能是因为小羊拥有的能量太多了。如果是这样，试试将每块草的能量从 5 减少到 2：

```
class Grass:
    def __init__(self,x,y,sz):
        self.x = x
        self.y = y
        self.energy = 2  # 吃掉这块草获取的能量
        self.eaten = False  # 还未被吃掉
        self.sz = sz
```

这样看起来就平衡多了，"羊口"在以合理的速度增长。你也可以试试别的数——你的世界你做主！

9.2.9　给予进化优势

我们来给一个羊群一些优势吧。你可以选择任何你能想到的优势（比如从草中获取更多能量，或者一次繁殖更多后代）。在本例中，我们将让小紫羊比别的小羊每步走得远一点儿。这样会产生什么不同吗？将 Sheep 的 update() 方法改成下面这样：

```
def update(self):
    # 让小羊随机走动
    move = 5  # 它在任意方向上移动的最大距离
    if self.col == PURPLE:
        move = 7
    self.energy -= 1
```

这个条件语句检查 Sheep 的颜色是否为紫色。如果是，将 Sheep 的 move 设为 7；否则保持 5

不变。这样小紫羊会跑得远一点儿，因此比别的小羊更有可能找到还没被吃掉的草。运行程序，输出应该像图 9-12 所示的那样。

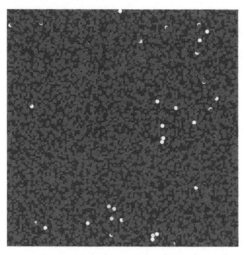

图 9-12　给小紫羊优势

过一小会儿你就可以看到，小紫羊的这个小小优势发挥出了巨大的作用。它们主宰了环境，仅仅依靠对草的竞争力就将其他种族的小羊全都赶了出去。这一模拟可以引发关于生态学、物种入侵、生物多样性和进化的有趣讨论。

练习 9-2：设置小羊的寿命

赋予小羊一个 age 属性，每次更新时减少它的值。这样它们只能存活有限的时间。

练习 9-3：改变小羊的大小

根据小羊的能量值改变它的大小。

9.3　小结

在本章中，你学习了如何用类创建对象，包括定义类的属性、实例化对象和更新对象的状态。这能使你更高效地创建多个具有相同属性、相似但独立的对象。你越经常使用类，就会越有创造力——你可以让对象自主地到处走、飞或弹跳，而且不需要为每一步都编写代码！

学会使用类会大幅增强你的编程能力。现在你可以轻松创建复杂情况的模型了，只要告诉程序一个粒子、一颗行星或一只小羊该如何创建，它就能轻松创建出十几、一百，甚至一百万个同类的东西！

你还尝试了不借助方程来建立探索物理、生物、化学或环境状况的模型！曾经有个物理学家告诉我，这通常是解决涉及许多因素或"因子"（agent）的最有效的方法——建立一个计算机模型，让它运行，然后查看结果。

在下一章中，你将学习利用一种叫作递归的神奇现象来创建分形。

## 第 10 章

用递归制作分形

同义词的同义词是什么？

——Steven Wright

分形是令人愉悦的复杂图案，其中的每个小部分都包含了整个图案（见图 10-1）。它们是由伯努瓦·芒德布罗于 1980 年发明（或者说发现，因为自然界中存在分形）的，当时他正在一台最先进的 IBM 计算机上可视化一些复数函数。

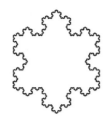

图 10-1　几个分形的例子

分形看起来并不像我们在几何学中认识的规则形状，比如正方形、三角形和圆形。它们的形状蜿蜒曲折，这使得它们成了模拟自然现象的绝佳模型。事实上，科学家们用分形来模拟一切：从心脏动脉到地震，再到大脑的神经元。

分形的有趣之处在于，它们展示了如何通过一遍遍地运用简单的规则，以越来越小的比例反复画出图案，从而得到复杂得令人惊奇的图形。

我们的主要兴趣点是，用分形制作出有趣、复杂的图案。如今的每本数学书中都有一张分形的图片，但教科书从未向你说明如何制作一个分形——你需要的只是一台计算机。在本章中，你将学习如何用 Python 制作自己的分形。

10.1　海岸线的长度

在开始制作分形之前，先来看一个简单的例子，了解一下分形的用处。一位名叫 Lewis Richardson 的数学家问过一个简单的问题："英国大不列颠岛的海岸线有多长？"从图 10-2 可以看出，这个问题的答案取决于你的尺子有多长。

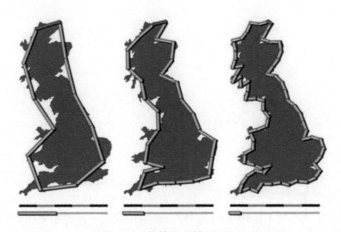

图 10-2　估算海岸线的长度

你的尺子越短，就越能近似出海岸线蜿蜒的形状，也就意味着你量出的结果会更长。最棒的是，**随着尺子的长度趋近于零，海岸线的长度会趋近于无穷！**这就是所谓的海岸线悖论（Coastline Paradox）。

你觉得这不过是抽象的数学假象？在现实世界中，海岸线长度的估计值真的可能会有很大的差异。就算使用现代技术，它也完全取决于测量地图的比例尺。我们将画一个如图 10-3 所示的图形，即科赫雪花（Koch snowflake），来说明分形是如何证明一条足够曲折的海岸线可以变得无限长的！

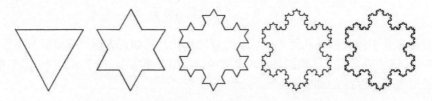

图 10-3　越来越细致的分形，模拟越来越曲折的海岸线

我们首先需要学习几个小技巧，递归就是其中之一。

10.1.1 何为递归

分形的妙处在于，你可以重复地画出在每一步都变得更小的图案，直到因为太小而画不出来。重复运行这些代码的关键是一个叫作**递归**（recursion）的概念，即用某些东西自身来定义它自己。下面是两个说明递归工作原理的笑话。

❏ 如果你用搜索引擎搜索"递归"，它会问你："您在找的是**递归**吗？"
❏ 在不止一本计算机编程书的索引中都有这样一条："递归，见**递归**。"

可以想象，递归是一个十分奇怪的概念。某些复杂代码在换用递归的方式编写后会变得整洁，但缺点是可能会占用过多内存。

10.1.2 编写 `factorial()` 函数

我们来编写一个计算数的阶乘的函数，看看递归的实际作用。回忆一下，n 的**阶乘**（factorial）被定义为从 1 到 n 的所有整数的乘积，表示为 $n!$。例如，$5! = 1 \times 2 \times 3 \times 4 \times 5 = 120$。

阶乘的公式如下：$n! = 1 \times 2 \times 3 \times ... \times (n-2) \times (n-1) \times n$。这是一个递归序列，因为 $5! = 5 \times 4!$，$4! = 4 \times 3!$，以此类推。递归是一个重要的数学概念，因为各种模式在数学中随处可见，而递归可以帮助实现模式的无限复制和扩展！

我们可以将 n 的阶乘定义为 n 乘以 $n-1$ 的阶乘得到的积。只需要定义 0 的阶乘（是 1 而不是 0）和 1 的阶乘，然后使用一个递归语句即可。在 IDLE 中新建一个文件，将其保存为 factorial.py，并输入代码清单 10-1 所示的代码。

代码清单 10-1　用递归语句编写 `factorial()` 函数（factorial.py）

```
def factorial(n):
    if n == 0:
        return 1
    else:
        return n * factorial(n - 1)
```

我们首先说："如果用户（或程序）要求 0 的阶乘，返回 1。"然后告诉程序："对于其他的数 n，返回 n 乘以比 n 小 1 的数的阶乘得到的积。"

注意代码清单 10-1 的最后一行，我们在 `factorial()` 函数的定义**内部**调用了 `factorial()` 函数！这就好比面包的食谱中包含一步"做一块面包"，正常人根本不会照着那样的食谱去做。但计算机会遵循程序一步步执行。

在本例中，我们要计算 5 的阶乘时，程序会乖乖地运行到最后一行，此处需要计算 $n-1$ 也就是 4 的阶乘。要计算 `factorial(5-1)`，程序再次运行 `factorial()` 函数并以 4 为参数，尝试用同样的方法计算 4 的阶乘，接着计算 3 的阶乘、2 的阶乘、1 的阶乘，最后计算 0 的阶乘。因为我们已经将函数定义为计算 0 的阶乘时返回 1，所以整个过程会回到开头，算出 1 的阶乘、2 的阶乘、3 的阶乘、4 的阶乘，最后算出 5 的阶乘。

递归地定义一个函数（在函数的定义内部调用它）可能有点让人摸不着头脑，但它正是制作本章中所有分形的关键。我们从一个典型例子开始：分形树。

10.1.3 "种"一棵分形树

制作分形要从定义一个简单的函数开始，然后加入对它自身的调用。我们来构建一棵像图 10-4 中那样的分形树。

图 10-4　一棵分形树

如果你要向程序指明要画的每一条线段，整个程序将会极其复杂。然而用递归编写的话，程序代码量则少得惊人。我们先在 Processing 中用平移、旋转和 line() 函数画一个如图 10-5 所示的 Y。

图 10-5　分形树的开端

将这个 Y 变成一棵分形树的一个要求是，画完一个 Y 之后，坐标系的原点要回到"树干"底部。这是因为它的"树枝"是"子树"的"树干"。画完右子树后，要回到亲树树干的顶部（也就是当前树干的底部）进行旋转，然后画左子树。

1. 编写 y() 函数

你的 Y 不需要对称或很完美，下面是我画 Y 的代码。在 Processing 中新建一个草图，将其命名为 fractals.pyde，并输入代码清单 10-2 所示的代码。

代码清单 10-2　分形树的 y() 函数（fractals.pyde）

```
def setup():
    size(600,600)

def draw():
    background(255)
    translate(300,500)
    y(100)

def y(sz):
    line(0,0,0,-sz)
    translate(0,-sz)
    rotate(radians(30))
    line(0,0,0,-0.8*sz) # 右树枝
    rotate(radians(-60))
    line(0,0,0,-0.8*sz) # 左树枝
    rotate(radians(30))
    translate(0,sz)
```

我们按照一贯的方式设置 Processing 草图：在 setup() 函数中指定显示窗口的大小，然后在 draw() 函数中设置背景色（255 对应的是白色），并平移到要开始作图的位置。最后，我们调用 y() 函数，将 100 作为分形树"树干"的长度传递给它。

y() 函数以一个数 sz 为参数，作为树干的长度。之后，所有树枝的长度都以此为基础。函数的第一行用一条竖直的线段画出树干。要画出右侧的树枝，我们平移到树干的顶部（沿 y 轴负方向），然后顺时针旋转 30 度。接下来，我们画出一条线段作为右树枝，逆时针旋转（旋转负 60 度），然后画出左树枝。最后，我们要再旋转一次，回到面向正上的方向，然后平移回树干底部。保存并运行这个草图，应该可以看到如图 10-5 所示的一个 Y。

我们可以将树枝画成**更小的** Y，从而将这个画单个 Y 的程序变成画分形树的程序。但如果只是简单地将 y() 函数中调用的 line() 替换成 y()，程序会陷入无限循环，抛出一个这样的错误：

```
RuntimeError: maximum recursion depth exceeded
```

回想一下，在计算阶乘的函数中，我们调用了 factorial(n-1)，而不是 factorial(n)。我们需要向 y() 函数引入一个 level 参数。每向上画出一根树枝，以此树枝为树干的树所在的层

数就是当前层数减 1，因此这棵子树的参数就是 level-1。这就意味着整棵树的树干具有最高的层数，而最外侧的树枝所在的层数都是 0。代码清单 10-3 展示了更改后的 y() 函数。

代码清单 10-3　在 y() 函数中加入递归调用（fractals.pyde）

```
def setup():
    size(600,600)

def draw():
    background(255)
    translate(300,500)
    y(100,2)

def y(sz,level):
    if level > 0:
        line(0,0,0,-sz)
        translate(0,-sz)
        rotate(radians(30))
        y(0.8*sz,level-1)
        rotate(radians(-60))
        y(0.8*sz,level-1)
        rotate(radians(30))
        translate(0,sz)
```

注意，我们将画树枝的 line() 函数替换成了 y() 函数。因为我们将 draw() 函数中对 y() 函数的调用改成了 y(100,2)，所以会得到一棵树干长度为 100 的两层的树。试试画出三层、四层以及更多层的树！你应该可以看到图 10-6 中的那些树。

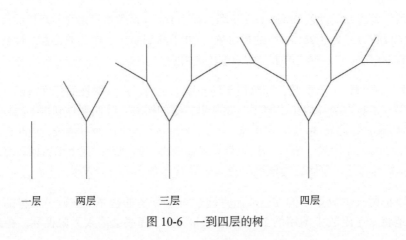

一层　　　两层　　　三层　　　　四层

图 10-6　一到四层的树

2. 映射鼠标位置

下面来编写一个程序，让你可以通过上下移动鼠标来实时地控制分形的形状。我们可以追踪鼠标，根据它的位置获得一个 0 和 10 之间的值，并根据这个值动态地改变树的层数。将 draw() 函数更新为如代码清单 10-4 所示。

```
def draw():
    background(255)
    translate(300,500)
    level = int(map(mouseX,0,width,0,10))
    y(100,level)
```

鼠标的 x 值处于 0 和窗口宽度之间。map() 函数会将一个值从一个范围映射到另一个范围。在代码清单 10-4 中，map() 会将鼠标的 x 值从 0 到 600（显示窗口的宽度）映射到 0 到 10，也就是我们想要的层数的范围。我们将映射后的值赋给一个名为 level 的变量，然后在下一行将它赋给 y() 函数。

我们已经调整好了 draw() 函数，使分形树的层数根据鼠标的 x 值变化。我们还可以将鼠标的 y 坐标和旋转的角度联系起来，改变树的形状。

旋转角度最大应该为 180 度，因为树在 180 度时就完全"折叠"在一起了，而鼠标的 y 值最高可以达到我们在 setup() 中指定的 600。我们可以做一点计算，将 y 值转换成角度，但用 Processing 内置的 map() 函数会更简单。我们告诉 map() 函数要映射的变量，指定它当前的最小值和最大值，以及期望的最小值和最大值。代码清单 10-5 展示了构建 Y 分形树的完整代码。

```
def setup():
    size(600,600)

def draw():
    background(255)
    translate(300,500)
    level = int(map(mouseX,0,width,0,15))
    y(100,level)

def y(sz,level):
    if level > 0:
        line(0,0,0,-sz)
        translate(0,-sz)
        angle = map(mouseY,0,height,0,180)
        rotate(radians(angle))
        y(0.8*sz,level-1)
        rotate(radians(-2*angle))
        y(0.8*sz,level-1)
        rotate(radians(angle))
        translate(0,sz)
```

我们读取鼠标的 y 值，并将它转换成一个 0 到 180 的角度。（如果你想用弧度制，可以将它映射成 0 到 π 的弧度。）在几次对 rotate() 的调用中，我们以这个角度为参数，并让 Processing 将角度转换为弧度。第一次调用 rotate() 会顺时针旋转。第二次调用则会旋转一个负角度，也就是逆时针转。逆时针转过的角度是顺时针转过的两倍。然后第三次调用rotate()会再次顺时针旋转。

运行代码，你将看到如图10-7所示的图案。

图10-7　一棵动态的分形树

现在，这棵分形树的层数和形状会随着你鼠标的上下左右移动而改变了。

通过画分形树，你学会了如何利用递归，用极少的代码画出复杂的图案。下面我们将回到海岸线悖论。一条海岸线（或者随便一条线）是如何通过变得更加曲折而成倍增加长度的呢？

10.2　科赫雪花

科赫雪花是一种著名的分形，以瑞典数学家海里格·冯·科赫（Helge von Koch）的名字命名，他于1904年在一篇论文中描述了这一形状。科赫雪花是由等边三角形组成的。我们从一条直线段开始，给它加上一个"凸起"。然后，我们给得到的每条直线段加上一个更小的凸起，之后不断重复这一过程，如图10-8所示。

图10-8　给每条线段加上一个"凸起"

新建一个Processing草图，将其命名为snowflake.pyde，并输入代码清单10-6中的代码。它会画出一个上下颠倒的等边三角形。

```
def setup():
    size(600,600)

def draw():
    background(255)
    translate(100,100)
    snowflake(400,1)

def snowflake(sz,level):
    for i in range(3):
        line(0,0,sz,0)
        translate(sz,0)
        rotate(radians(120))
```

在 draw() 函数内，我们调用了 snowflake() 函数。目前，它只接收两个参数：sz（初始三角形的边长）和 level（分形的级数）。snowflake() 函数会用一个三次循环画出一个三角形。在循环内部，我们画一条长度为 sz 的线段，它就是三角形的一条边。然后沿这条边平移到三角形的下一个顶点，旋转 120 度。之后进入下一轮循环，画出三角形的下一条边。

运行代码清单 10-6 所示的代码，你应该会看到图 10-9 中的形状。

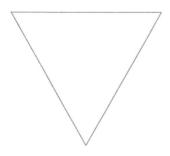

图 10-9　一级雪花：一个三角形

编写 segment() 函数

现在我们需要编写程序，将线段变成具有不同级别的 segment。第零级就是一条直线段，下一级就是在它上面加一个"凸起"。我们将把这条线段三等分，然后将中间的那条线段替换成一个小的等边三角形。我们将更改 snowflake() 函数，让它调用另一个函数画出线段。这个被调用的函数是一个递归函数，随着级别的增加，画出的线段将是图 10-10 中所示线段的小号复制品。

图 10-10　将一条线段三等分，并将中间的三分之一替换成一个"凸起"

我们称一条边为一个 segment。如果级别为 0，segment 就是一条直线段，也就是三角形的一条边。下一级就要给 segment 中间加上"凸起"了。图 10-10 中右侧图形的每个 segment 长度相同，是变形之前 segment 长度的三分之一。画出图 10-10 中右侧图形需要 11 步：

(1) 画一条长度为边长三分之一的线段；

(2) 平移到刚刚画出的 segment 的末端；

(3) 旋转 –60 度（逆时针）；

(4) 画出另一个 segment；

(5) 平移到它的末端；

(6) 旋转 120 度（顺时针）；

(7) 画出第三个 segment；

(8) 平移到它的末端；

(9) 再旋转 –60 度；

(10) 画出最后一个 segment；

(11) 平移到它的末端。

与之前画一条直线段不同，snowflake() 函数现在会调用 segment() 函数来作图和平移了。加上代码清单 10-7 所示的代码。

代码清单 10-7　在三角形的边上画出"凸起"（snowflake.pyde）

```
def snowflake(sz,level):
    for i in range(3):
        segment(sz,level)
        rotate(radians(120))

def segment(sz,level):
    if level == 0:
        line(0,0,sz,0)
        translate(sz,0)
    else:
        line(0,0,sz/3.0,0)
        translate(sz/3.0,0)
        rotate(radians(-60))
        line(0,0,sz/3.0,0)
        translate(sz/3.0,0)
        rotate(radians(120))
        line(0,0,sz/3.0,0)
        translate(sz/3.0,0)
        rotate(radians(-60))
        line(0,0,sz/3.0,0)
        translate(sz/3.0,0)
```

在 segment() 函数中，如果级别是 0，它就画一条直线段，然后平移到线段末端。否则，运行之后的 11 行代码，它们对应着画出一个"凸起"的那 11 步。

如图 10-8 所示，雪花每增加一级，都要给上一级雪花的每个 segment 加上一个"凸起"。如果不用递归来做，那这可太让人头疼了！我们把 else 分支中的 line() 函数调用改成对 segment() 的递归调用，长度参数是当前 segment 长度 sz 的三分之一，级别参数是当前级别减一。

修改后的 segment() 函数如代码清单 10-8 所示。

代码清单 10-8　把直线段改成递归定义的 segment（snowflake.pyde）

```
def segment(sz,level):
    if level == 0:
        line(0,0,sz,0)
        translate(sz,0)
    else:
        segment(sz/3.0,level-1)
        rotate(radians(-60))
        segment(sz/3.0,level-1)
        rotate(radians(120))
        segment(sz/3.0,level-1)
        rotate(radians(-60))
        segment(sz/3.0,level-1)
```

由于子 segment 的级别比当前 segment 的级别低 1，并且我们将递归基（也就是级别为 0 的 segment）定义为一条直线段，因此递归不会是无限的。现在我们可以在 draw() 函数中改变雪花的级别，如下面的代码所示。我们将看到如图 10-11 所示的图案。

```
def draw():
    background(255)
    translate(100,height/2-100)
    snowflake(400,3)
```

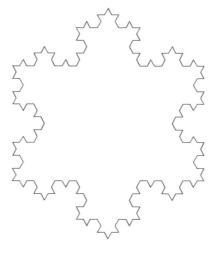

图 10-11　一个三级雪花

更进一步，我们还可以把它变成可交互的——将鼠标的 x 坐标映射成雪花的级别。鼠标 x 坐标的范围是 0 到窗口的宽度，我们将它映射为一个 0 到 7 的值。这是代码：

```
level = map(mouseX,0,width,0,7)
```

不过，我们要的级别是整数，因此要用 int() 把结果变成整数，像这样：

```
level = int(map(mouseX,0,width,0,7))
```

把这行代码加到 draw() 函数中，并把得到的级别交给 snowflake() 作为参数。代码清单 10-9 展示了画出科赫雪花的全部代码。

代码清单 10-9　科赫雪花的完整代码（snowflake.pyde）

```
def setup():
    size(600,600)

def draw():
    background(255)
    translate(100,height/2-100)
    level = int(map(mouseX,0,width,0,7))
    snowflake(400,level)

def snowflake(sz,level):
    for i in range(3):
        segment(sz,level)
        rotate(radians(120))

def segment(sz,level):
    if level == 0:
        line(0,0,sz,0)
        translate(sz,0)
    else:
        segment(sz/3.0,level-1)
        rotate(radians(-60))
        segment(sz/3.0,level-1)
        rotate(radians(120))
        segment(sz/3.0,level-1)
        rotate(radians(-60))
        segment(sz/3.0,level-1)
```

现在运行这个程序，并将鼠标从左向右移动，你可以看到雪花的"凸起"越来越多，如图 10-12 所示。

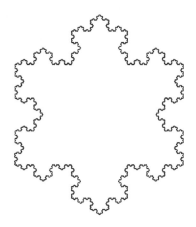

图 10-12　一个七级雪花

这对我们理解海岸线悖论有什么帮助呢？回过头来看看图 10-3，我们设三角形的边长为一个单位长度。如果我们把它三等分，去掉中间的一段，并在中间加上一个 2/3 单位长的"凸起"，这条边就变成了 1 + 1/3 单位长，比原来长了 1/3。雪花的周长（"海岸线"的长度）每一步都会增加 1/3。因此，第 n 步时海岸线的长度就是 $(4/3)^n$ 倍的原三角形边长。20 步后，雪花的轮廓会曲折到肉眼看不出来（可能屏幕也显示不出来）的程度，长度是最初的三百多倍！

10.3　谢尔宾斯基三角形

谢尔宾斯基三角形是一种著名的分形，由波兰数学家瓦茨瓦夫·谢尔宾斯基（Wacław Sierpiński）于 1915 年首次提出。但早在 13 世纪的意大利，就已经有一些教堂的地板上有这种图案了！虽然它看起来十分复杂，遵循的规律却易于描述。它基于一个有趣的递归概念：先画一个三角形作为零级，每向下一级，就将每个三角形划分成三个相等的小三角形（去掉中间的倒三角形），如图 10-13 所示。

零级　　　　　　一级　　　　　　二级

图 10-13　零级、一级和二级的谢尔宾斯基三角形

第一步很简单：画一个三角形。新建一个草图，并将其命名为 sierpinski.pyde。我们一如既往地为它设置 setup() 函数和 draw() 函数。在 setup() 函数中，将输出窗口的大小设为 600 像素 × 600 像素。在 draw() 函数中，将背景色设为白色，并平移到窗口左下角的点 (50, 450) 处[①]，

---

① 将 translate(50, 450) 中的第一个参数改成 100 时，三角形会在窗口中央。——译者注

准备从此处开始画出三角形。接下来，编写一个和前面的 segment() 函数类似的函数，名为
sierpinski()。级别为 0 时，它将画出一个三角形。代码清单 10-10 是目前的代码。

代码清单 10-10　谢尔宾斯基三角形的起始代码（sierpinski.pyde）

```
def setup():
    size(600,600)

def draw():
    background(255)
    translate(50,450)
    sierpinski(400,0)

def sierpinski(sz, level):
    if level == 0: # 画一个黑色三角形
        fill(0)
        triangle(0,0,sz,0,sz/2.0,-sz*sqrt(3)/2.0)
```

sierpinski() 函数需要两个参数：三角形的边长 sz 和级别 level 变量。填充色是 0 代表了
黑色，你也可以用 RGB 值作为参数，把三角形涂成你想要的颜色。triangle() 函数有六个参数，
分别是边长为 sz 的等边三角形的三个顶点的 x 坐标和 y 坐标。

从图 10-13 中可以看到，一级的三个三角形就是零级三角形的三个角，并且它们的边长相等，
是上一级三角形边长的一半。我们要做的是画一个小一号、低一级的谢尔宾斯基三角形，然后
平移到下一个顶点，旋转 120 度。向 sierpinski() 函数加入代码清单 10-11 所示的代码。

代码清单 10-11　加入递归调用

```
def draw():
    background(255)
    translate(50,450)
    sierpinski(400,8)

def sierpinski(sz, level):
    if level == 0: # 画一个黑色三角形
        fill(0)
        triangle(0,0,sz,0,sz/2.0,-sz*sqrt(3)/2.0)
    else: # 在每个顶点画出谢尔宾斯基三角形
        for i in range(3):
            sierpinski(sz/2.0,level-1)
            translate(sz,0)
            rotate(radians(-120))
```

新加的代码会告诉 Processing，当级别不为 0 时应该做什么（for i in range(3): 表示"重
复执行三次下面的步骤"）：画一个边长为当前边长一半的低一级的谢尔宾斯基三角形，然后将
坐标系向 x 轴正方向平移一个边长的距离，并逆时针旋转 120 度。注意 sierpinski() 函数会调
用它自己，它是一个递归函数。draw() 函数调用：

```
sierpinski(400,8)
```

时，你就会得到一个如图 10-14 所示的八级谢尔宾斯基三角形。

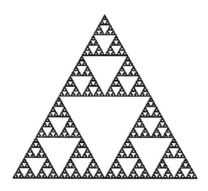

图 10-14　一个八级谢尔宾斯基三角形

谢尔宾斯基三角形有趣的一点是，它会出现在其他分形中，比如接下来的这个，而后者并不以三角形为开头。

10.4　正方形分形

我们也可以制作正方形版的谢尔宾斯基三角形。比如，先创建一个正方形，切掉右下角的四分之一，然后切掉剩下的三个小正方形的右下角。不断重复这一过程，我们将得到如图 10-15 所示的图案。

零级　　　　　一级　　　　　二级　　　　　三级

图 10-15　零级、一级、二级和三级的正方形分形

新建一个名为 squareFractal.pyde 的 Processing 草图，输入代码清单 10-12 所示的代码。

代码清单 10-12　创建 squareFractal() 函数（squareFractal.pyde）

```
def setup():
    size(600,600)
    fill(128,0,128) # 紫色
    noStroke()

def draw():
    background(255)
    translate(50,50)
    squareFractal(500,0)
```

```
def squareFractal(sz,level):
    if level == 0:
        rect(0,0,sz,sz)
```

我们在 setup() 函数中将填充色设为紫色。我们还用了 noStroke()，这样画出的正方形就不会有黑色的轮廓线了。在 draw() 函数中调用 squareFractal() 函数，让它画出一个边长为 500 像素、级别为 0 的正方形。首先将 squareFractal() 函数定义为，在级别为 0 时画一个正方形。运行这个草图，应该可以得到如图 10-16 所示的紫色大正方形。

图 10-16　紫色正方形（零级）

对于下一级的分形，我们将画出边长为初始正方形边长一半的三个正方形。先画出左上角的正方形，然后平移，再画出右上角和左下角的正方形。代码清单 10-13 实现了这一过程。

代码清单 10-13　给分形多加几个方形（squareFractal.pyde）
```
def squareFractal(sz,level):
    if level == 0:
        rect(0,0,sz,sz)
    else:
        rect(0,0,sz/2.0,sz/2.0)
        translate(sz/2.0,0)
        rect(0,0,sz/2.0,sz/2.0)
        translate(-sz/2.0,sz/2.0)
        rect(0,0,sz/2.0,sz/2.0)
```

如果级别是 0，就画一个大正方形。否则在左上角画一个小正方形，向右平移后在右上角画一个小正方形，向左下平移后在左下角再画一个小正方形。

这就是下一级的分形，将 draw() 函数中 squareFractal(500,0) 的第二个参数改为 1，运行后将得到一个被切掉了右下角的正方形，如图 10-17 所示。

图 10-17 下一级正方形分形

再往下一级，我们要进一步将每个正方形切割成分形，因此把 rect() 调用改成对 squareFractal() 的调用，参数分别是当前边长 sz 的一半和当前级别 level 减 1，如代码清单 10-14 所示。

代码清单 10-14 加入递归调用（squareFractal.pyde）

```
def squareFractal(sz,level):
    if level == 0:
        rect(0,0,sz,sz)
    else:
        squareFractal(sz/2.0,level-1)
        translate(sz/2.0,0)
        squareFractal(sz/2.0,level-1)
        translate(-sz/2.0,sz/2.0)
        squareFractal(sz/2.0,level-1)
```

在 draw() 函数中调用 squareFractal(500,2)，我们没能得到预期的图案，而是得到了像图 10-18 这样的结果。

图 10-18 和我们期望的不一样

这是因为我们没有像在本章前面画 Y 时那样将坐标系平移回起点。

要将坐标系移回起点，可以使用我们在第 5 章学到的 Processing 的 pushMatrix() 和 popMatrix()。[①]

我们可以用 popMatrix() 函数保存坐标系的方位——也就是原点在窗口中的位置和坐标轴旋转的角度。之后怎么平移和旋转都行，最后用 popMatrix() 函数就可以回到保存的方位，无须任何计算！

在 squareFractal() 函数开头加上 pushMatrix()，并在末尾加上 popMatrix()，如代码清单10-15 所示。

代码清单 10-15　用 pushMatrix() 和 popMatrix() 修正（squareFractal.pyde）

```python
def squareFractal(sz,level):
    if level == 0:
        rect(0,0,sz,sz)
    else:
        pushMatrix()
        squareFractal(sz/2.0,level-1)
        translate(sz/2.0,0)
        squareFractal(sz/2.0,level-1)
        translate(-sz/2.0,sz/2.0)
        squareFractal(sz/2.0,level-1)
        popMatrix()
```

现在，一级分形应该可以被正确地转换成二级分形了，如图 10-19 所示。

图 10-19　二级正方形分形

下面用代码清单 10-16 所示的代码像之前一样用鼠标生成分形的级别。

---

① 这里要写对其实很简单，只需要在最后加上一行 translate(0,-sz/2.0) 即可。相较于作者的"补救措施"，这样更能体现递归的思想，才是正常的递归做法。——译者注

```
def draw():
    background(255)
    translate(50,50)
    level = int(map(mouseX,0,width,0,7))
    squareFractal(500,level)
```

如图 10-20 所示，级数高的时候，正方形分形看起来就更像谢尔宾斯基三角形了！

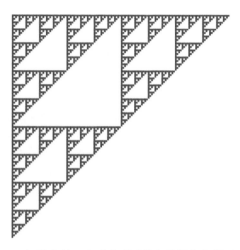

图 10-20　级数高的正方形分形看着很像谢尔宾斯基三角形

10.5　龙形曲线

我们最后要画的分形看起来和之前的都不同，其图案不会随着级别的增加而变小，而是会变大。图 10-21 展示了零级到三级的龙形曲线。

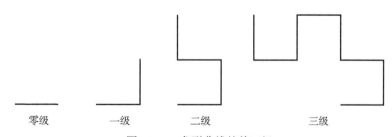

零级　　　一级　　　二级　　　　三级

图 10-21　龙形曲线的前四级

正如数学博主 Vi Hart 在一个视频 [1] 中展示的那样，龙形曲线的后一半和前一半一模一样。她通过将一张纸不断对折并最后展开来说明了这一点。图 10-21 中的第三级（二级）看起来像

———————————
[1] 可以在网上搜索 "Doodling in Math Class - DRAGONS" 查看。——译者注

两个左转弯接一个右转弯。"合页"或"折痕"在龙形曲线的正中间，看看你能不能找到。稍后，你将可以动态地旋转曲线的一部分，体会两级曲线之间的关系。

新建一个名为 dragonCurve.pyde 的草图。我们先创建一个画"左拐龙"的函数，如代码清单 10-17 所示。

代码清单 10-17　编写 leftDragon() 函数（dragonCurve.pyde）

```
def setup():
    size(600,600)
    strokeWeight(2) # 粗一点儿的线

def draw():
    background(255)
    translate(width/2,height/2)
    leftDragon(5,11)

def leftDragon(sz,level):
    if level == 0:
        line(0,0,sz,0)
        translate(sz,0)
    else:
        leftDragon(sz,level-1)
        rotate(radians(-90))
        rightDragon(sz,level-1)
```

在老一套的 setup() 和 draw() 函数后，是我们定义的 leftDragon() 函数。如果级别是 0，就画一条直线段，然后平移到另一端。如果级别高于 0，就画一条低一级的"左拐龙"，向左转 90 度，然后画一条低一级的"右拐龙"。

下面的代码清单 10-18 展示了"右拐龙"函数的定义，它和 leftDragon() 函数很像。如果级别是 0，就画一条直线段，然后平移到另一端；否则，画一条低一级的"左拐龙"，向**右**转 90 度，然后画一条低一级的"右拐龙"。

代码清单 10-18　编写 rightDragon() 函数（dragonCurve.pyde）

```
def rightDragon(sz,level):
    if level == 0:
        line(0,0,sz,0)
        translate(sz,0)
    else:
        leftDragon(sz,level-1)
        rotate(radians(90))
        rightDragon(sz,level-1)
```

有趣的是，这两个函数不是只调用自己，还会互相调用对方。它们将交替运行。运行这个草图，应该可以看到如图 10-22 所示的十一级曲线。

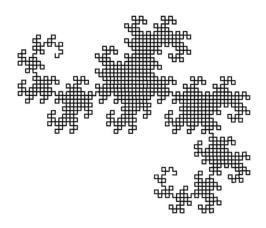

图 10-22　十一级龙形曲线

　　当级别高到一定程度之后，这个分形就不只是一堆杂乱无章的拐角了，它开始变得像一条龙！还记得我说过龙形曲线从中间"折叠"后，它的两部分可以重合吗？在代码清单 10-19 所示的版本中，我添加了级别和长度变量，还有一个随鼠标 x 值变化的 angle 变量。这个版本可以让一条龙形曲线绕着下一级曲线的"合页"转动。你可以试试能否通过旋转得到下一级曲线。

代码清单 10-19　动态的龙形曲线（dragonCurve.pyde）

```
❶ RED = color(255,0,0)
  BLACK = color(0)

  def setup():
❷     global thelevel,size1
      size(600,600)
❸     thelevel = 5
      size1 = 40

  def draw():
      global thelevel
      background(255)
      translate(width/2,height/2)
❹     angle = map(mouseX,0,width,0,2*PI)
      stroke(RED)
      strokeWeight(3)
      pushMatrix()
      leftDragon(size1,thelevel)
      popMatrix()
      leftDragon(size1,thelevel-1)
❺     rotate(angle)
      stroke(BLACK)
      rightDragon(size1,thelevel-1)

  def leftDragon(sz,level):
      if level == 0:
          line(0,0,sz,0)
          translate(sz,0)
```

```
        else:
            leftDragon(sz,level-1)
            rotate(radians(-90))
            rightDragon(sz,level-1)

    def rightDragon(sz,level):
        if level == 0:
            line(0,0,sz,0)
            translate(sz,0)
        else:
            leftDragon(sz,level-1)
            rotate(radians(90))
            rightDragon(sz,level-1)

    def keyPressed():
        global thelevel,size1
❻   if key == CODED:
            if keyCode == UP:
                thelevel += 1
            if keyCode == DOWN:
                thelevel -= 1
            if keyCode == LEFT:
                size1 -= 5
            if keyCode == RIGHT:
                size1 += 5
```

在代码清单 10-19 中，我们为画曲线引入了两个颜色（见 ❶）。在 setup() 函数中，我们声明了两个全局变量 thelevel 和 size1（见 ❷），在 ❸ 处赋给它们初始值，并通过最后的 keyPressed() 函数使它们的值可以用方向键改变。

在 draw() 函数中，我们将 angle 变量和鼠标的 x 值相关联（见 ❹）。随后将线条设粗一点儿、颜色设为红色，画一条"左拐龙"。你应该记得，pushMatrix() 和 popMatrix() 函数可以让坐标系回到保存的方位。然后画一条低一级的"左拐龙"，这是为了让坐标原点移动到较高一级曲线的中点。接下来，将坐标系旋转 angle 弧度（见 ❺），画一条低一级的黑色"左拐龙"。leftDragon() 和 rightDragon() 函数保持不变。

每当键盘上有按键被按下时，keyPressed() 函数就会被调用一次。如果按下的是 ASCII 编码的按键（字母和数字键、Backspace、Tab、Return、Esc 和 Delete 等），对应的 ASCII 码会被保存到变量 key 中。如果按键不是 ASCII 编码的，而是由 Java 的 KeyEvent 类定义的（上下左右键、Alt、Control 和 Shift 等），对应的值会被保存到变量 keyCode 中，同时变量 key 会被设置为常量 CODED（见 ❻）。我们编写的 keyPressed() 函数会检查有没有方向键被按下，然后根据按键调整级别和长度变量的值。

运行这个版本的草图，你会看到如图 10-23 所示的一条红色五级曲线和一条黑色四级曲线。你可以旋转黑色曲线，看看五级曲线是如何由两条四级曲线组成的。

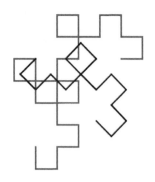

图 10-23 一条五级的龙形曲线和一条动态、可交互的四级曲线

当你移动鼠标时,黑色龙形曲线将会旋转,可以看到它和红色龙形曲线的两半都能刚好重合。上下方向键控制曲线的级别,按上键曲线就会变长。如果曲线超出了显示窗口,可以用左键让线段变短,好让窗口容纳得下;右键则可以让线段变长。

最后简单解释一下。"左拐龙"和"右拐龙"都是先画一条低一级的"左拐龙",转向后画一条低一级的"右拐龙"。从起点出发,在中点左转是"左拐龙",右转是"右拐龙";而从终点出发,在原先左转的位置将右转,在原先右转的位置将左转。因此一级的"左拐龙"变成了"右拐龙",一级的"右拐龙"变成了"左拐龙"。二级"左拐龙"的前半段是一级"左拐龙",后半段是一级"右拐龙",并且在中点左转。从它的终点出发,前半段(也就是原先的后半段)由一级"右拐龙"变成了一级"左拐龙",后半段(也就是原先的前半段)则变成了一级"右拐龙",在中点变成了右转。由归纳法可知,一条龙形曲线从起点向终点看去是"左(右)拐龙",从终点向起点看去则是"右(左)拐龙"。红龙的前半段是"左拐龙",从红龙前半段的终点到起点看则是一条"右拐龙",而黑龙也是"右拐龙",并且黑龙的起点正是红龙前半段的终点。因此黑龙经过旋转和红龙前半段恰好吻合。

10.6 小结

我们只对分形做了浅显的探讨,但愿你能领略到分形的美丽,以及它在模拟自然界的杂乱现象时的强大。分形和递归让我们以全新的眼光看待测量。问题将不再是"海岸线有多长",而是"它有多曲折"。

对于蜿蜒的海岸线和河流这样的分形曲线,它们的标准特征是自相似(self-similarity)的比例,也就是将图案的某一部分放大直到和原图案形状相同时的放大倍数。当你赋给下一级 0.8*sz、sz/2.0 和 sz/3.0 这样的参数时,就是在进行这样的缩放。

下一章的主题是元胞自动机(cellular automata,CA),我们将画一些小方块,它们会出生、成长,并根据周围的环境而变化。正如第 9 章中模拟的羊和草一样,我们将创建 CA 并让它们运行——类似于分形,我们将看到由极其简单的规则生成的美丽又奇妙的图案。

第 **11** 章

元胞自动机

> 我喜欢在房间里放一个加湿器和一个除湿器，让它们一较高下。
>
> ——Steven Wright

数学方程是对可测量的事物建模的一种非常强大的工具，甚至帮我们登上了月球。纵使这样强大，它在生物学和社会科学领域的用处却极为有限，因为生物体并不按照方程生长。

生物体在一个环境中和许多其他生物体一同生长，它们之间每天发生的相互作用不计其数。这样的相互作用网络决定了它们会怎样生长，方程通常无法表达这样复杂的关系。方程可以帮我们计算出单次作用或反应所转化的能量或质量，但要模拟一个生物系统，你需要重复成百上千次这样的计算。

幸运的是，有这样一种模拟细胞、生物体和其他生命系统随环境生长变化的工具。由于它们和独立的生物体相似，这些模型被称为**元胞自动机**（cellular automata，CA）。所谓的**自动机**是指可以自主运行的东西。图 11-1 展示了两个用计算机生成的元胞自动机。

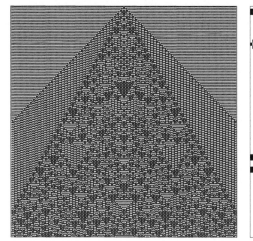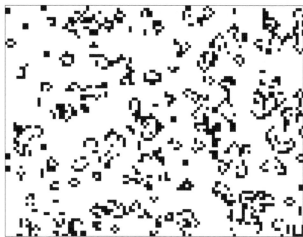

图 11-1　一个初等元胞自动机，以及一屏幕的虚拟生物

在本章中，我们将创建的 CA 是由**细胞**组成的网格。CA 中的每个细胞都拥有一些**状态**（state），比如开/关、死/生、有色/无色。每个细胞都根据周围细胞的状态改变自己的状态。它们不断生长、变化，就像有生命一样！

早在 20 世纪 40 年代就有关于 CA 的研究，但 CA 真正兴起是在计算机普及之后。实际上，CA 只能用计算机来研究，因为即使它们只需要遵循简单的规则（比如"如果它周围没有足够多的生物体，就死掉"），也只有在创建成百上千个这样的生物体并运行成百上千代后，这些规则才会产生有用的结果。

数学是研究规律的学科，元胞自动机这一数学课题充满了有趣的概念、编程挑战，以及无穷无尽的美丽图案！

11.1　创建一个元胞自动机

新建一个 Processing 草图，将其命名为 cellularAutomata.pyde。我们从一个正方形网格开始，细胞们将栖息于此。我们可以轻松画出一个 10×10 的网格，由 100 个边长为 20 的正方形组成，如代码清单 11-1 所示。

代码清单 11-1　创建一个正方形网格（cellularAutomata.pyde）

```
def setup():
    size(600,600)

def draw():
    for x in range(10):
        for y in range(10):
            rect(20*x,20*y,20,20)
```

保存并运行这个草图，你应该会看到如图 11-2 所示的网格。

图 11-2　一个 10×10 的网格

然而，每次我们想要大一点儿的细胞或不同规模的网格时，都需要改一堆数字。如果使用变量的话，以后更改数字就容易多了。因为 height、width 和 size 是已经存在的关键字，我们需要其他的变量名。代码清单 11-2 对代码清单 11-1 做出了改进，创建了一个易于调整大小的网格，细胞的大小也易于调整——这都是通过使用变量来实现的。

代码清单 11-2　用变量改进后的创建网格的程序（cellularAutomata.pyde）

```
GRID_W = 15
GRID_H = 15

# 细胞的大小
SZ = 18
def setup():
    size(600,600)


def draw():
    for c in range(GRID_W): # 列
        for r in range(GRID_H): # 行
            rect(SZ*c,SZ*r,SZ,SZ)
```

我们创建了网格的高度变量（GRID_H）和宽度变量（GRID_W），字母全大写表明它们是值不会被改变的常量。细胞的大小（目前）也是常量，因此我们也将它大写（SZ）。现在运行这段代码，你应该可以看到一个大一点儿的网格，如图 11-3 所示。

图 11-3　一个用变量画出的大一点儿的网格

11.1.1　编写一个细胞类

我们需要编写一个类，因为创建出的每个细胞都需要有自己的位置、状态（开或关）、邻居（和它相邻的细胞），等等。加入代码清单 11-3 所示的代码，创建 Cell 类。

代码清单 11-3　创建 Cell 类（cellularAutomata.pyde）

```
# 细胞的大小
SZ = 18

class Cell:
    def __init__(self,c,r,state=0):
        self.c = c
        self.r = r
        self.state = state

    def display(self):
        if self.state == 1:
            fill(0) # 黑色
        else:
            fill(255) # 白色
        rect(SZ*self.r,SZ*self.c,SZ,SZ)
```

细胞 state 属性的初始值是 0（也就是关）。__init__ 方法的参数列表中的 state=0 表示：如果不给定 state 一个值，它就会被设为 0。display() 方法则告诉 Cell 如何将自己在屏幕上显示出来。如果它的状态是开，它就会是黑色的，否则为白色。此外，由于每个细胞都是一个正方形，我们需要用细胞所在的行号和列号乘以边长（self.SZ）来计算出其左上角的坐标。

在 draw() 函数之后，我们要定义一个函数，用于创建一个空列表，然后用一个嵌套循环将 Cell 对象一个个放入列表，如代码清单 11-4 所示。

代码清单 11-4　创建细胞列表的函数（cellularAutomata.pyde）

```
def createCellList():
    ''' 创建一个由"关"细胞构成的列表，只在中心有一个"开"细胞'''
❶   newList=[]# 空的细胞列表
    # 给最初的列表添加细胞
    for j in range(GRID_H):
❷       newList.append([]) # 加入一个空行
        for i in range(GRID_W):
❸           newList [j].append(Cell(i,j,0)) # 添加"关"细胞（状态为 0）
    # 将中心位置的细胞设为开
❹   newList [GRID_H//2][GRID_W//2].state = 1
    return newList
```

首先创建一个名为 newList 的空列表（见 ❶），然后加入一个空列表作为新的一行（见 ❷），并将 Cell 对象加入新行（见 ❸）。接着将行数和列数除以 2（双斜杠表示整数除法）得到中间位置的细胞的索引，并将它的 state 属性设为 1，也就是开（见 ❹）。

在 setup() 中，我们调用 createCellList() 函数并将 cellList 声明为全局变量，这样 draw() 函数就可以使用它。最后在 draw() 函数中遍历 cellList，更新每个细胞。新的 setup() 和 draw() 函数如代码清单 11-5 所示。

代码清单 11-5　新的 setup() 和 draw() 函数

```
def setup():
    global cellList
    size(600,600)
    cellList = createCellList()


def draw():
    for row in cellList:
        for cell in row:
            cell.display()
```

运行草图，会得到一个位于显示窗口左上角的细胞网格，如图 11-4 所示。

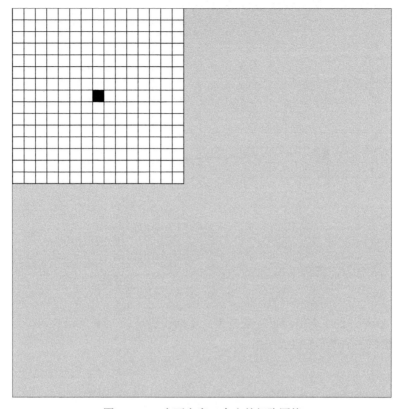

图 11-4　一个不在窗口中央的细胞网格

现在我们可以调整网格的规模，画出任意大小的细胞。

11.1.2　调整细胞大小

我们可以让 SZ 根据窗口宽度进行改变，将 setup() 函数改成代码清单 11-6 所示那样。

```
def setup():
    global SZ,cellList
    size(600,600)
    SZ = width // GRID_W + 1
    cellList = createCellList()
```

双斜杠（//）表示**整数除法**（integer division），只返回商的整数部分。现在运行草图，输出将是一个只有中心细胞是黑色、其余细胞都是白色的网格，如图 11-5 所示。

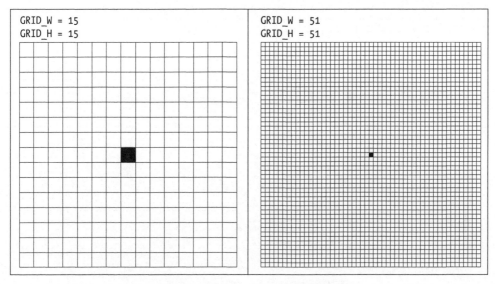

图 11-5　中心是"开"细胞的网格

注意，给 SZ 额外加 1 会得到更好的效果，正如代码清单 11-6 所示的那样，否则网格有时不会填满整个窗口。不过不加也没关系。

11.1.3　让 CA 生长

现在，我们要让细胞根据其状态为开的邻居个数而改变状态。本节的灵感来源于 Stephen Wolfram 的著作 *A New Kind of Science* 中的一个二维 CA。从图 11-6 中可以看到这个 CA 是如何生长的。

图 11-6　一个元胞自动机的各个生长阶段

在这个 CA 中，如果一个细胞有**一个或四个**邻居的状态为开，我们就将它的状态设为开（并保持为开）。

11.1.4　将细胞放入一个矩阵

在列表中可以很容易找到紧挨着某个细胞的前一个和后一个细胞，也就是它的左邻居和右邻居。但要怎样找到它的上邻居和下邻居呢？为此，我们可以将细胞放入一个二维的**数组**或**矩阵**，也就是行列表的列表。这样，如果一个细胞在第五列，我们就知道它的上邻居和下邻居也在第五列。

在 Cell 类中，我们加入一个名为 checkNeighbors() 的方法，以便细胞检查它有多少个邻居的状态为开。如果有一或四个，方法返回 1，也就是开；否则返回 0，也就是关。我们从检查上邻居开始：

```
def checkNeighbors(self):
    if self.state == 1: return 1 # "开"细胞保持为开
    neighbs = 0
    # 检查上邻居的状态
    if cellList[self.r-1][self.c].state == 1:
        neighbs += 1
```

这段代码检查 cellList 中和该细胞同处一列（self.c）但在前一行（self.r - 1）的细胞。如果该细胞的 state 属性为 1，它就为开，我们使 neighbs 变量递增 1。然后对该细胞的下邻居和左右邻居进行相同的操作。看出这里的规律了吗？

```
cellList[self.r - 1][self.c + 0] # 上
cellList[self.r + 1][self.c + 0] # 下
cellList[self.r + 0][self.c - 1] # 左
cellList[self.r + 0][self.c + 1] # 右
```

我们只需要记下行数和列数的变化量即可。有上下左右四个要检查的方向，对应的变化量分别是：[-1,0]、[1,0]、[0,-1] 和 [0,1]。如果我们将这些变化量用变量 dr 和 dc（d 代表希腊字母 δ，是表示变化量的传统数学符号）表示，就可以避免重复：

cellularAutomata.pyde

```
def checkNeighbors(self):
    if self.state == 1: return 1 # "开"细胞保持为开
    neighbs = 0 # 检查上邻居的状态
    for dr,dc in [[-1,0],[1,0],[0,-1],[0,1]]:
        if cellList[self.r + dr][self.c + dc].state == 1:
            neighbs += 1
    if neighbs in [1,4]:
        return 1
    else:
        return 0
```

最后，如果 neighbs 为 1 或 4，就返回 1。在 Python 中，if neighbs in [1,4] 等同于 if neighbs == 1 or neighbs == 4。

11.1.5　创建细胞列表

之前，我们在 setup() 中调用 createCellList() 函数并将它创建的列表赋给了变量 cellList，然后在 draw() 函数中遍历 cellList 中的每个细胞并更新它们。现在，我们在遍历时还需要检查细胞是否满足前面设置的生长条件。也就是说，我们需要先运行 checkNeighbors() 方法再显示细胞。将 draw() 函数改成下面这样：

```
def draw():
    for row in cellList:
        for cell in row:
        ❶ cell.state = cell.checkNeighbors()
            cell.display()
```

更改后的这行（见 ❶）会调用 checkNeighbors() 方法，并根据返回值设置细胞的状态。运行草图，你会得到下面的错误：

```
IndexError: index out of range: 15
```

错误发生在第一行最右边的细胞检查它的右邻居时。确实，行列表最右边元素的索引是 14，检查它的右邻居时加上 dc 就超出了索引范围；而最左边的细胞也没有左邻居，在检查时 dc 为 −1，因此虽然不会有索引超出范围的错误，但检查的其实是本行的最后一个细胞。同理，最后一行细胞检查下邻居时也会产生这个错误。

如果一个细胞没有右邻居（即它的列号是 GRID_W-1），显然不需要检查右邻居，可以继续进行下一步。行号为 0 的细胞检查上邻居时，列号为 0 的细胞检查左邻居时，行号为 14（GRID_H-1）的细胞检查下邻居时也都一样。代码清单 11-7 使用了一个名为**异常处理**（exception handling）的实用 Python 技巧，用到了关键字 try 和 except。

代码清单 11-7　给 checkNeighbors() 加上条件（cellularAutomata.pyde）

```
def checkNeighbors(self,cellList):
    if self.state == 1: return 1 # "开" 细胞保持为开
    neighbs = 0
    # 检查邻居的状态
    for dr,dc in [[-1,0],[1,0],[0,-1],[0,1]]:
    ❶ try:
            if cellList[self.r + dr][self.c + dc].state == 1:
                neighbs += 1
    ❷ except IndexError:
            continue
    if neighbs in [1,4]:
```

```
        return 1
    else:
        return 0
```

顾名思义，try 关键字（见 ❶）表示"尝试运行下面的代码"。我们之前得到了一个 IndexError，可以用 except 关键字（见 ❷）表示"如果得到了这个错误，就这样做"。因此，如果运行前面的代码时得到了一个 IndexError，程序会继续进行下一轮循环。运行草图，你会得到一个像图 11-7 那样的图案。这和我们在图 11-6 中看到的不一样。

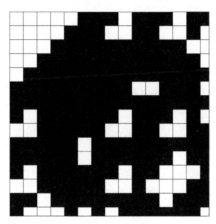

图 11-7　和我们预想的不一样

问题在于，我们检查完邻居的状态后随即改变了当前细胞的状态。之后这个细胞的邻居也会检查它们的邻居，但检查到的可能是邻居更新后的状态。我们想让细胞将检查得到的信息保存在另一个列表中，等所有细胞检查完后再一次性更新所有细胞的状态。cellList 会被更新为这个另外的列表 newList。

所以我们只需要声明 cellList 和 newList 相等，对吗？

```
cellList = newList #?
```

尽管这看上去没什么错，但 Python 并不会像你想的那样将 newList 的元素复制给 cellList 并取代它原有的内容。实际上，cellList 会指向 newList 指向的列表，当你改变 newList 时，会发现 cellList 也被改变了。

11.2　奇怪的 Python 列表

Python 列表有一种奇怪的行为。假如你要声明一个列表和另一个列表相等，然后改变第一个列表。你可能想不到第二个列表也会被改变，但事实就是如此，如下所示：

```
>>> a = [1,2,3]
>>> b = a
>>> b
[1, 2, 3]
>>> a.append(4)
>>> a
[1, 2, 3, 4]
>>> b
[1, 2, 3, 4]
```

可以看到，我们创建了列表 a，然后将它赋给了列表 b。当我们改变列表 a 而不更新列表 b 时，Python 对列表 b 做了同样的改变！

11.2.1 列表切片

可以用切片确保更新一个列表时不会意外更新另一个列表。列表 a 的所有内容都会被赋给列表 b，从而避免上述情况的发生：

```
>>> a = [1,2,3]
>>> b = a[::]
>>> b
[1, 2, 3]
>>> a.append(4)
>>> a
[1, 2, 3, 4]
>>> b
[1, 2, 3]
```

这里用 b = a[::] 表示"将列表 a 中的所有元素赋给变量 b"，和之前简单地声明列表 b 等于列表 a 不同。这样，两个列表就不会被关联在一起。

在定义 SZ 后，我们需要加上下面这行代码，创建一个初始值为 0 的变量 generation，它将记录我们关注的是哪一代的细胞：

```
generation = 0
```

我们将在新加函数的末尾使用列表切片来避免列表的引用问题。在 draw() 函数后定义一个 update() 函数，这样细胞的更新工作就会在这一个函数里完成。代码清单 11-8 展示了更新后的代码。

代码清单 11-8　检查 update() 函数能否正常工作并在三代之后停下（cellularAutomata.pyde）

```
def setup():
    global SZ, cellList
    size(600,600)
    SZ = width // GRID_W + 1
    cellList = createCellList()
```

```
def draw():
    global generation,cellList
    cellList = update(cellList)
    for row in cellList:
        for cell in row:
            cell.display()
    generation += 1
    if generation == 3:
        noLoop()

def update(cellList):
    newList = []
    for r,row in enumerate(cellList):
        newList.append([])
        for c,cell in enumerate(row):
            newList[r].append(Cell(c,r,cell.checkNeighbors()))
    return newList[::]
```

我们在 setup() 函数中创建了 cellList 列表并将它声明为全局变量,以便在其他函数中使用。在 draw() 函数中,变量 generation 用来检查是否进行到了我们想要的那一代(在本例中是 3),我们调用 update() 函数更新 cellList。之后和以前一样调用 display() 方法画出细胞,然后递增 generation 并检查它是否等于 3。如果是,就用 Processing 内置的 noLoop() 函数停止绘制。

我们用 noLoop() 终止对 draw() 函数的无限循环调用,因为只想画出一定代数的细胞。如果把它注释掉,程序还会继续画下去! 图 11-8 展示了这个 CA 三代后的样子。

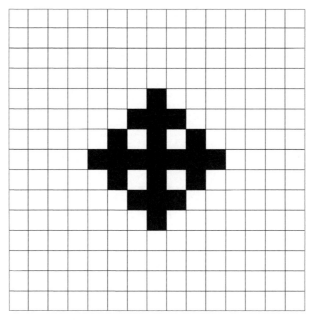

图 11-8 一个正常运作的 CA

用变量作为网格尺寸的好处在于，我们只要修改 GRID_W 和 GRID_H 变量的值就可以大幅改变 CA，像这样：

```
GRID_W = 41
GRID_H = 41
```

如果将代数增加到 13（修改当前的 if generation == 3 那行），输出应该像图 11-9 左侧所示的那样。

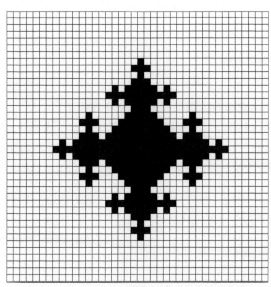

图 11-9　处于更高代数的 CA，有网格线（左）和无网格线（右）

要将空白细胞周围的网格线去掉，只需要在 setup() 函数中加上下面这行：

```
noStroke()
```

这样正方形的轮廓线应该就消失了，而填充色还在，像图 11-9 右侧所示的那样。

到目前为止，我们已经做了很多！我们创建了一个二维的细胞列表，接着根据一个简单的规则开启某些细胞，然后更新所有的细胞并将它们显示出来。这个 CA 会不断生长！

练习 11-1：手动控制 CA 生长

用你在第 10 章学到的 keyPressed() 函数手动控制 CA 生长。

11.2.2　让你的 CA 自动生长

如果你想让 CA 在第零代到某一代之间循环生长，只需要将 draw() 函数改成如代码清单 11-9 所示。

代码清单 11-9　让 CA 自动生长和再生（cellularAutomata.pyde）

```
def draw():
    global generation,cellList
❶   frameRate(10)
    cellList = update(cellList)
    for row in cellList:
        for cell in row:
            cell.display()
    generation += 1
❷   if generation == 30:
        generation = 1
        cellList = createCellList()
```

要将动画放慢，可以使用 Processing 内置的 frameRate() 函数（见 ❶）。默认的帧率是每秒 60 帧，这里我们将它降为 10。然后告诉程序，如果代数达到了 30（见 ❷），就将 generation 重置为 1，然后创建一个新的 cellList。现在你可以看着 CA 按照你想要的速率生长了。你可以改变规则，看看 CA 是如何变化的。你也可以改变颜色！

我们采用了一条简单的规则（如果一个细胞周围有一个或四个邻居，它就为开），并编写了一个程序将它同时用在上千个细胞上！程序的结果看起来像一个活生生的、生长着的有机体。下面我们就要将代码扩展成一个大名鼎鼎的 CA，里面的虚拟生物会四处走动、生长并死去！

11.3　玩玩"生命游戏"

在 1970 年的一期《科学美国人》中，数学普及者马丁·葛登能介绍了一个奇怪又奇妙的数学游戏。在这个游戏中，细胞们的生死取决于邻居的数量。这个游戏是英国数学家约翰·康威发明的，其中的 CA 有三条简单的规则：

(1) 如果一个活细胞的活邻居少于两个，它就会死；
(2) 如果一个活细胞的活邻居多于三个，它也会死；
(3) 如果一个死亡细胞恰好有三个活邻居，它就复活。

在如此简单的规则之下，这个游戏的复杂程度令人惊讶。在 1970 年，大多数人只能用跳棋来可视化这个游戏，每一代可能都要花不少时间来计算。好在现在有了计算机，事情方便了很多，之前用 Python 编写的 CA 已经包含了创建这个游戏所需的大部分代码。将之前的 CA 文件另存为 GameOfLife.pyde。

这次，和一个细胞在斜线方向上相邻的细胞也算是它的邻居。这意味着我们需要给 dr,dc 一行再加上四个值。代码清单 11-10 展示了更改后的 checkNeighbors() 函数。

代码清单 11-10　将"斜邻居"考虑在内的 checkNeighbors() 函数（GameOfLife.pyde）

```
    def checkNeighbors(self):
        neighbs = 0  # 检查邻居的状态

❶   for dr,dc in [[-1,-1],[-1,0],[-1,1],[1,0],[1,-1],[1,1],[0,-1],[0,1]]:
            try:
                if cellList[self.r + dr][self.c + dc].state == 1:
                    neighbs += 1
            except IndexError:
                continue
❷   if self.state == 1:
            if neighbs in [2,3]:
                return 1
            return 0
        if neighbs == 3:
            return 1
        return 0
```

首先，我们新增四个变化量（见 ❶）：[-1,-1] 对应左上方的邻居，[1,1] 对应右下方的邻居，[-1,1] 对应右上方的邻居，[1,-1] 对应左下方的邻居。然后我们告诉程序，如果这个细胞是活着的（见 ❷），就检查它是否有两个或三个活邻居。如果是，就返回 1，表示这个细胞的下一个状态是活；否则返回 0。如果这个细胞是死的，就检查它是否恰好有三个活邻居。如果是，就返回 1；否则返回 0。

我们还要将几个活细胞随机放在网格里，因此从 Python 的 random 模块中导入 choice() 函数。在程序的开头加上下面这行：

```
from random import choice
```

然后用 choice() 函数随机决定新的 Cell 对象的生死状态。要做的就是将 createCellList() 函数中 newList[j].append() 一行改成下面这样：

```
newList [j].append(Cell(i,j,choice([0,1])))
```

我们不再需要之前代码中有关 generation 的部分了。删掉之后，draw() 函数的剩余部分如下：

```
def draw():
    global cellList
    frameRate(10)
    cellList = update(cellList)
    for row in cellList:
        for cell in row:
            cell.display()
```

运行草图，你将看到一个狂野、动态的游戏开始了。生物体在移动、变形、分裂，以及和其他生物体相互作用，如图 11-10 所示。

图 11-10　"生命游戏"运行中

细胞团的变形、移动，以及和其他细胞团（可能是不同家族或种群）的碰撞过程十分有趣。一些生物体会在窗口中游荡，直到网格最终达到一种平衡状态。图 11-11 展示了一个这样的平衡状态。

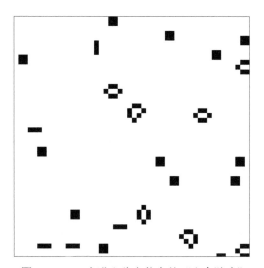

图 11-11　一个进入稳定状态的"生命游戏"

在这个平衡状态的例子中，一些形状看起来保持稳定不动，而另一些形状则会陷入重复的几个模式。

11.4　初等元胞自动机

最后这个 CA 真的很精彩，而且需要更多数学知识，不过它仍是个简单的图案，只沿一个维度展开（这也是为什么它被称作"初等 CA"）。我们从一行细胞开始，将中间位置的细胞设为 1，如图 11-12 所示。

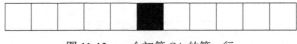

图 11-12　一个初等 CA 的第一行

编写它的代码很简单。新建一个 Processing 草图，将它命名为 elementaryCA.pyde，如代码清单 11-11 所示。

代码清单 11-11　画出初等 CA 的第一行（代）（elementaryCA.pyde）

```
❶ # CA 的变量
w = 50
rows = 1
cols = 11

def setup():
    global cells
    size(600,600)
    # 第一行：
❷   cells = []
    for r in range(rows):
        cells.append([])
        for c in range(cols):
            cells[r].append(0)
❸   cells[0][cols//2] = 1

def draw():
    background(255) # 白色
    # 画出 CA
    for i, cell in enumerate(cells): # 行
        for j, v in enumerate(cell): # 列
❹           if v == 1:
                fill(0)
            else: fill(255)
❺           rect(j*w-(cols*w-width)/2,w*i,w,w)
```

首先创建一些重要的变量（见 ❶），比如细胞的大小以及 CA 的行数和列数。接下来，创建 cells 列表（见 ❷）。我们创建 rows 行，并将 cols 个 0 添加到 cells 中的 rows 个列表中。然后将第一行中间的细胞设为 1（见 ❸）。在 draw() 函数中，我们用 enumerate() 迭代每一行（马上就有不止一行了！）的每一列，并检查元素是否为 1。如果是，就将它涂成黑色（见 ❹）；否则涂成白色。最后画出代表细胞的正方形（见 ❺），其中顶点的 x 坐标看起来有点复杂，但它不过是为了保证 CA 在窗口中被水平居中显示。

运行草图，你将看到如图 11-12 所示的图案：一行细胞，只有中间那一个的状态为开。CA 下一行细胞的状态取决于我们为一个细胞及其两个邻居制定的规则。三个细胞有多少种组合？每个细胞有两种可能的状态（1 或 0，即开或关），因此左邻居有两种可能，中间细胞有两种可能，右邻居有两种可能。一共是 $2 \times 2 \times 2 = 8$ 种组合，如图 11-13 所示。

图 11-13　一个细胞及其两个邻居的全部 8 种组合

图 11-13 中的第一个组合表示中间细胞和两个邻居都为开。在下一个组合里，中间细胞为开，左邻居为开，右邻居为关。后面的组合以此类推。这个顺序很重要。（你看出规律了吗？）我们该如何在程序中表达这些组合呢？或许可以写八个下面这样的条件语句：

```
if left == 1 and me == 1 and right == 1:
```

不过有一种更简单的方法。在 *A New Kind of Science* 中，Stephen Wolfram 根据三个细胞代表的二进制数给每种组合赋予了一个值。记住 1 表示开、0 表示关，从图 11-14 中可以看到 111 是 7 的二进制形式，110 是 6 的二进制形式，以此类推。

图 11-14　八种组合的编号方法

给每种组合编好了号，就可以创建一个规则集合了——也就是包含每种组合对应的下一代状态的列表。注意，编号刚好可以作为列表的索引，只不过是倒过来的。这一点可以轻松解决。我们可以随机或者按照某种计划给每个组合分配一个结果。图 11-15 就是这样的一个规则集合。

图 11-15　分配给 CA 中每种组合的一组结果

每个组合下方的正方形表示结果，或者说 CA 下一代细胞的状态。最左边的"组合 7"下方的白色正方形表示"如果这个细胞的状态为开，并且它的两个邻居都为开，那么它下一代的状态就是关"。后面两种组合的结果也是"关"。从图 11-12 中可以看到，目前有很多被"关"细胞围绕着的"关"细胞，对应图 11-14 中最右边的组合，这样的细胞在下一代还是"关"细胞。目前还有一个被两个"关"细胞围绕的"开"细胞（对应组合 2），它在下一代还是"开"细胞。

我们用 0 和 1 表示这些结果，作为规则集合 ruleset 列表的元素，如图 11-16 所示。

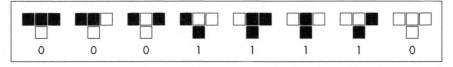

图 11-16　将产生下一代的规则放入列表

我们把这 8 个数放入名为 ruleset 的列表中，并将其添加到 setup() 函数之前：

```
ruleset = [0,0,0,1,1,1,1,0]
```

组合的顺序很重要，因为这套规则被称为"规则 30"（00011110 是 30 的二进制形式）。接下来的任务是根据规则生成下一行，也就是下一代细胞。我们创建一个 generate() 函数，它会根据第一行生成第二行，然后根据第二行生成第三行，以此类推。加入代码清单 11-12 所示的代码。

代码清单 11-12　编写生成新细胞的 generate() 函数（elementaryCA.pyde）

```
# CA 的变量
w = 50
❶ rows = 10
cols = 100
--snip--
ruleset = [0,0,0,1,1,1,1,0] # 规则 30

❷ def rules(a,b,c):
    return ruleset[7 - (4*a + 2*b + c)]

def generate():
    for i, row in enumerate(cells): # 看看第一行
        for j in range(1,len(row)-1):
            left = row[j-1]
            me = row[j]
            right = row[j+1]
            if i < len(cells) - 1:
                cells[i+1][j] = rules(left,me,right)
    return cells
```

首先更新行数和列数（见 ❶），扩大一下 CA。然后定义 rules() 函数（见 ❷），它接收三个参数：左邻居的状态、当前细胞的状态和右邻居的状态，并会根据参数算出组合的编号，然后在 ruleset 中查找下一代细胞的状态。我们用 4*a + 2*b + c 也就是二进制转十进制的方式将参数组合 "1, 1, 1" 转换成 7，将 "1, 1, 0" 转换成 6，以此类推。回想图 11-14，编号和索引的顺序是相反的，因此要用 7 减去编号得到它在 ruleset 中的索引。

在 setup() 函数的末尾加入下面一行：

```
cells = generate()
```

这会画出完整的 CA，而不仅仅是第一行。运行草图，你将看到使用了"规则 30"的 CA 的前十行，如图 11-17 所示。

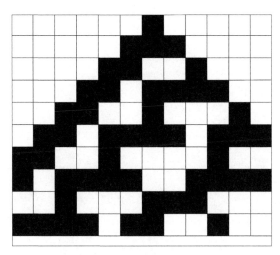

图 11-17 "规则 30"的前十行

程序将根据我们在 ruleset 中制定的规则从顶端开始生成一代代的细胞。如果继续下去呢？将行数和列数都改为 1000，并将细胞的宽度（w）改为 3。在 setup() 函数中加上 noStroke()，去掉细胞的轮廓线，然后运行草图。你应该可以看到如图 11-18 所示的图形。

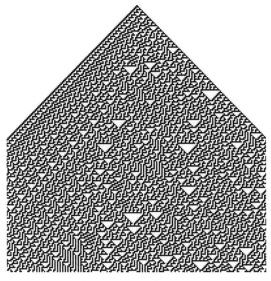

图 11-18 "规则 30"的更大部分

"规则 30"是一个很有意思的图案，因为它不是完全随机的，但又不是完全规则的。

"规则 73"也很炫酷，一位名叫 Fabienne Serriere 的女士将它编程到了一台针织机上，织出了带有该图案的围巾，如图 11-19 所示。你可以前往 KnitYak 网站订购这条围巾，以及其他根据算法织出的围巾。

图 11-19　一条用"规则 73"织出的围巾

练习 11-2：改变规则

将 ruleset 改为 90 的二进制形式。生成的图案是什么样的呢？提示：是个分形。

练习 11-3：缩放

使用你在第 10 章学到的 keyPressed() 函数，实现用上下箭头键改变细胞宽度 w。这样就可以对 CA 进行缩放了！

11.5　小结

在本章中，你学习了用 Python 创建元胞自动机，或者说按照一定规则独立行动的细胞。我们编写程序，让这些排列成网格状的细胞遵循一定的规则一代代地更新。它们就像有生命一样，生成了令人意想不到的美丽图案。

下一章，我们将创建虚拟生物来帮助解决问题！这些生物通过不断进化出更好的解决方案，可以猜出一条秘密短语，也可以找到穿过许多城市的最短路线。

第12章

用遗传算法解决问题

Steve：我们迷路了。

Mike：有多迷？

一提起数学，很多人就会想到一成不变的方程和运算，以及非对即错的答案。他们可能会惊讶于我们在代数学之旅中做过的诸多猜测和验证。

在本章中，你将学习用一种间接的方式破解密码和隐藏的信息。它有点像第 4 章中用到的"猜测检验法"：我们将一堆整数代入一个方程，然后检验是否有整数使等式成立。这次，我们要猜测的值不止一个，而是有一堆。这不是解决问题最优雅的方法，但在有计算机的情况下，有时暴力法的效果是最好的。

要破解密码，我们首先生成猜测，然后根据它们与目标的匹配程度进行评分。下面就是和"猜测检验法"的不同之处了：我们保留最佳的猜测，然后使它们不断地随机突变，直到解读出消息为止。程序并不知道哪个字母是对的、哪个是错的，但最佳猜测会随着突变不断向目标靠近。目前看来，这个方法好像不太可靠，不过你马上就会看到它破解密码的速度快得惊人。这种方法叫作**遗传算法**（genetic algorithm），计算机科学家基于自然选择和进化生物学的理论用这个算法来解决问题。它的灵感来源于生物有机体的适应（adapt）和突变（mutate），以及它们通过微小优势建立起来的种群优势，正如我们在第 9 章中建立的"羊吃草"模型所示。

不过对于更加复杂的问题，随机突变就不够用了。在这种情况下，我们引入**交叉**（crossover），将最优的猜测组合在一起，增加破解密码的概率，正如最适合生存的生物体更有可能将它们遗传物质的组合遗传下去。除了计分之外，所有这些操作都是相当随机的，所以我们的遗传算法效果如此之好，真是令人惊讶。

12.1 用遗传算法猜出句子

在 IDLE 中新建一个名为 geneticQuote.py 的文件。不像第 4 章中要猜一个数，这个程序要猜的是一个句子。我们需要告诉程序它猜对的字符的个数，而不是哪个或者第几个字符猜对了。

12.1.1 编写 makeList() 函数

为了展示其工作原理，我们先定义一个目标句。下面是我儿子想到的一个长句子，出自漫画《火影忍者》[①]：

---
target = "I never go back on my word, because that is my Ninja way."

英语有一大堆字符：小写字母、大写字母、空格，以及一些标点符号。

---
characters = " abcdefghijklmnopqrstuvwxyzABCDEFGHIJKLMNOPQRSTUVWXYZ.',?!"

我们定义一个名为 makeList() 的函数，随机生成一个元素个数和 target 长度相同的字符列表。我们之后会将这个猜测和目标句逐字符地比较，给它评分。分数越高，它和目标就越接近。然后我们随机改变猜测中的一个字符，看看得分会不会提高。如此随机的方法竟能帮我们准确地找到目标句，好像有点出人意料，但它真的可以。

首先导入 random 模块，并编写 makeList() 函数，如代码清单 12-1 所示。

代码清单 12-1 编写 makeList() 函数来创建与目标句长度相同的随机字符列表（geneticQuote.py）

```
import random

target = "I never go back on my word, because that is my Ninja way."
characters = " abcdefghijklmnopqrstuvwxyzABCDEFGHIJKLMNOPQRSTUVWXYZ.',?!"

def makeList():
    ''' 返回一个与目标句长度相同的字符列表 '''
    charList = [] # 待用随机字符填充的空列表
    for i in range(len(target)):
        charList.append(random.choice(characters))
    return charList
```

---

① 这句话是主角漩涡鸣人所说，意思是：“我向来说到做到，因为这就是我的忍道。”——译者注

这里先创建一个名为 charList 的空列表，然后进行迭代，迭代的次数和目标句的长度相同。每次迭代，都从 characters 中随机选取一个字符附加到 charList 末尾。循环结束后，返回 charList。我们来测试一下，确保它能正常工作。

12.1.2 测试 makeList() 函数

我们先来看看目标句的长度，然后检查 makeList() 函数生成的列表是否和它长度相同：

```
>>> len(target)
57
>>> newList = makeList()
>>> newList
['p', 'H', 'Z', '!', 'R', 'i', 'e', 'j', 'c', 'F', 'a', 'u', 'F', 'y', '.',
'w', 'u', '.', 'H', 'W', 'w', 'P', 'Z', 'D', 'D', 'E', 'H', 'N', 'f', ',',
'W', 'S', 'A', 'B', ',', 'w', '?', 'K', 'b', 'N', 'f', 'k', 'g', 'Q', 'T',
'n', 'Q', 'H', 'o', 'r', 'G', 'h', 'w', 'l', 'l', 'W', 'd']
>>> len(newList)
57
```

target 的长度是 57，随机列表 newList 的长度也是 57。为什么要生成一个列表，而不选择生成一个字符串呢？因为列表有时比字符串更容易处理。例如，不能直接替换字符串里的字符，但在列表里可以，如下所示：

```
>>> a = "Hello"
>>> a[0] = "J"
Traceback (most recent call last):
  File "<pyshell#16>", line 1, in <module>
    a[0] = "J"
TypeError: 'str' object does not support item assignment
>>> b = ["H","e","l","l","o"]
>>> b[0] = "J"
>>> b
['J', 'e', 'l', 'l', 'o']
```

在本例中，我们尝试将字符串 "Hello" 的第一个元素改为 "J"，但 Python 阻止了我们并给出了错误。不过对列表做这样的事情就完全没有问题。

但是在 geneticQuote.py 程序中，要将生成的随机句打印出来时，我们希望看到它的字符串形式，因为这样更易读。下面是将列表作为字符串打印的方法，用到了 Python 字符串的 join() 方法：

```
>>> print(''.join(newList))
pHZ!RiejcFauFy.wu.HWwPZDDEHNf WSAB,w?KbNfkgQTnQHorGhwllWd
```

这些就是以字符串形式呈现出来的 newList 中的全部字符了。看起来不像一个很好的开端啊！

12.1.3 编写 score() 函数

下面来编写一个名为 score() 的函数，将随机句和目标句逐字符地比较，给随机句评分，如代码清单 12-2 所示。

```
def score(mylist):
    ''' 返回一个整数：与目标句匹配的字符个数 '''
    matches = 0
    for i in range(len(target)):
        if mylist[i] == target[i]:
            matches += 1
    return matches
```

score() 函数会检查 mylist 的第一个字符是否和 target 的第一个字符相同，然后检查它们的第二个字符是否相同，以此类推。每当有一对字符匹配，就将 matches 递增 1。最后函数返回 matches，表示猜对的字符个数，因此我们不会知道猜对了**哪几个**字符！

那么我们这次的得分是多少呢？

```
>>> newList = makeList()
>>> score(newList)
0
```

我们的第一次猜测一个字符都没猜中，57 振出局！

12.1.4 编写 mutate() 函数

下面编写一个函数，随机改变列表的一个字符，使列表突变。这样我们的程序就可以不断“猜测”，直到更接近目标句为止。该函数如代码清单 12-3 所示。

```
def mutate(mylist):
    ''' 返回改变了一个字符的 mylist '''
    newlist = list(mylist)
    new_letter = random.choice(characters)
    index = random.randint(0,len(target)-1)
    newlist[index] = new_letter
    return newlist
```

首先将列表中的元素复制给一个新的变量，名为 newlist。然后从 characters 列表中随机选择一个字符，它将替换 newlist 的一个字符。我们随机选择一个 0 到目标句长度（不包括目标句长度）的数作为要替换掉的字符的索引。然后将 newlist 位于该索引处的字符替换为新的字符。这个函数会在一个循环中被调用。如果新列表的得分更高，就会成为“最优”列表，而最优列表会继续不断突变，以期进一步提高得分。

12.1.5 生成随机数

在定义完所有函数之后，我们调用 random.seed() 以确保随机性，它会用当前的系统时间重置随机数生成器。然后创建一个随机字符列表，因为这个（第一个）列表就是目前为止最优的，所以将它设为最优列表，并将它的得分设为最高分。

```
random.seed()
bestList = makeList()
bestScore = score(bestList)
```

我们还要记录做了多少次猜测：

```
guesses = 0
```

下面就开始一个无限循环，使 bestList 突变，做出新的猜测。然后计算它的得分，递增 guesses 变量：

```
while True:
    guess = mutate(bestList)
    guessScore = score(guess)
    guesses += 1
```

如果新猜测的得分低于或等于当前最高分，就"继续"（continue）下一轮循环，代码如下。这意味着程序会回到循环的开头，因为它不是一个好的猜测。我们也不需要再对它做其他事了。

```
    if guessScore <= bestScore:
        continue
```

如果新猜测的得分高于当前最高分，我们就认为它好到可以打印出来了。我们将打印这个列表（以字符串的形式）、它的得分，以及当前总的猜测次数。如果新猜测的得分等于目标句的长度，就说明我们猜出了句子，可以"跳出"（break）循环了。

```
    print(''.join(guess),guessScore,guesses)
    if guessScore == len(target):
        break
```

如果得分不等于目标句的长度，就将它设为最优列表，并将它的得分设为最高分：

```
    bestList = list(guess)
    bestScore = guessScore
```

代码清单 12-4 展示了 geneticQuote.py 程序的全部代码。

```python
import random

target = "I never go back on my word, because that is my Ninja way."
characters = " abcdefghijklmnopqrstuvwxyzABCDEFGHIJKLMNOPQRSTUVWXYZ.',?!"

# 创建和目标句字符数相同的 " 猜测 " 列表的函数
def makeList():
    ''' 返回一个与目标句长度相同的字符列表 '''
    charList = [] # 待用随机字符填充的空列表
    for i in range(len(target)):
        charList.append(random.choice(characters))
    return charList

# 将猜测列表和目标句相比较并 " 打分 " 的函数
def score(mylist):
    ''' 返回一个整数：与目标句匹配的字符个数 '''
    matches = 0
    for i in range(len(target)):
        if mylist[i] == target[i]:
            matches += 1
    return matches

# 随机改变一个字符使列表 " 变异 " 的函数
def mutate(mylist):
    ''' 返回改变了一个字符的 mylist'''
    newlist = list(mylist)
    new_letter = random.choice(characters)
    index = random.randint(0,len(target)-1)
    newlist[index] = new_letter
    return newlist

# 创建一个列表，将其设为最优列表 bestList
# 将最优列表的得分设为最高分 bestScore
random.seed()
bestList = makeList()
bestScore = score(bestList)

guesses = 0

# 用一个无限循环创建最优列表的变种，给它评分
while True:
    guess = mutate(bestList)
    guessScore = score(guess)
    guesses += 1

# 如果得分不比最优列表高，" 继续 " 下一轮循环
    if guessScore <= bestScore:
        continue

# 如果新列表拿到了满分，打印它并 " 跳出 " 循环
    print(''.join(guess),guessScore,guesses)
    if guessScore == len(target):
        break
```

```
# 否则将新列表设为最优列表，并将它的得分设为最高分
    bestList = list(guess)
    bestScore = guessScore
```

运行这个程序，很快就能得出答案，所有提高分数的猜测都会被打印出来。

```
i.fpzgPG.'kHT!NW WXxM?rCcdsRCiRGe.LWVZzhJe zSzuWKV.FfaCAV 1 178
i.fpzgPG.'kHT!N WXxM?rCcdsRCiRGe.LWVZzhJe zSzuWKV.FfaCAV 2 237
i.fpzgPG.'kHT!N WXxM?rCcdsRCiRGe.LWVZzhJe zSzuWKV.FfwCAV 3 266
i fpzgPG.'kHT!N WXxM?rCcdsRCiRGe.LWVZzhJe zSzuWKV.FfwCAV 4 324
--snip--
I nevgP go back on my word, because that is my Ninja way. 55 8936
I neveP go back on my word, because that is my Ninja way. 56 10019
I never go back on my word, because that is my Ninja way. 57 16028
```

输出显示最终的得分是 57，一共猜了 16 028 次。注意输出的第一行，猜测 178 次之后才得到第一分！猜字符串还有更高效的方法，但我想用一个简单的例子来介绍遗传算法的思想。这里的主要目的在于展示一个给猜测评分并随机突变“目前最优猜测”的方法是如何在惊人的短时间内产生准确结果的。

现在，你可以用对随机猜测进行评分并突变这一思想解决其他问题了。

12.2 解决旅行商问题

我的一个学生并不觉得这个猜句子的程序有多好，原因是“我们已经知道句子是什么了”。下面就用遗传算法解决一个我们还不知道解决方案的问题。旅行商问题（Traveling Salesperson Problem，TSP）是一个古老的难题，它很好理解，但很难解决。一个商品推销员需要前往给定数量的城市，每座城市只访问一次，并且最终回到起始城市，我们的目标是找出长度最短的路线。听起来很简单？再加上有计算机，我们应该只需要用程序遍历所有可能的路线并测出它们的长度就行了，对吗？

事实证明，即使对于当今的超级计算机，城市的数量超过一定值之后，计算的复杂度也会高得离谱。我们来看看六个城市之间有多少种可能的路线，如图 12-1 所示。

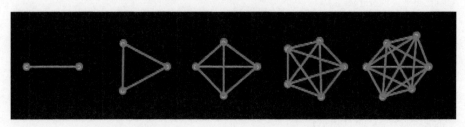

图 12-1　二到六个城市之间的路线数

有两个或三个城市时，只有一条可能的路线。如果加上第四个城市，则它可以在之前三个城市中的任意两个城市中间被访问，因此将之前的路线数乘以 3，得出四个城市间有三条可能的路线。第五个城市可以在之前四个城市中的任意两个城市中间被访问，所以路线数是 4 乘以四个城市间的路线数，从而得到了 12 条可能的路线。看出规律了吗？ n 个城市之间有

$$\frac{(n-1)!}{2}$$

条可能的路线。10 个城市间有 181 440 条路线，20 个城市间有 60 822 550 204 416 000 条。即使一台计算机每秒钟可以算出 100 万条路线的长度，也需要将近 2000 年才能算出这 20 个城市间所有路线的长度。我们可等不了那么久，一定有更好的办法。

12.2.1 使用遗传算法

和猜句程序类似，我们将创建一类对象，而路线就是其"基因"，然后根据路线的长短给它评分。最优路线将随机突变，我们也会给变异后的路线评分。我们可以取一些"最优路线"，将其基因拼接在一起，然后给它们的"后代"评分。本次探究最棒的部分在于**没有答案可供对比**。我们可以给程序提供一组城市以及它们的位置，或者干脆让程序自己随机画几个城市然后尝试优化路线。

新建一个 Processing 草图，将它命名为 travelingSalesperson.pyde。我们首先要定义一个 City 类。每座城市都会有自己的 x 坐标和 y 坐标，以及一个编号（用来识别它的数）。这样就可以用城市编号列表来定义一条路线了。例如，[5, 3, 0, 2, 4, 1] 就表示推销员从城市 5 出发前往城市 3，然后到城市 0，以此类推，最后回到城市 5，因为规则就是推销员最后必须回到第一个城市。代码清单 12-5 展示了 City 类的代码。

代码清单 12-5 为 travelingSalesperson.pyde 程序编写 City 类（travelingSalesperson.pyde）

```python
class City:
    def __init__(self,x,y,num):
        self.x = x
        self.y = y
        self.number = num # 编号

    def display(self):
        fill(0,255,255) # 青色
        ellipse(self.x,self.y,10,10)
        noFill()
```

初始化一个 City 对象时，构造函数会接收 x 坐标和 y 坐标，并将它们赋给这个 City 对象自己（self）的 x 属性和 y 属性。构造函数还会获取一个数作为城市的编号。在 display() 方法中，我们选择一个颜色（在本例中是青色）并在城市所在的位置画一个圆。在画出城市后，我们用 noFill() 函数关闭填充功能，因为不再有需要填充颜色的形状了。

下面来确保它能工作。首先定义 setup() 函数，指定显示窗口的大小，然后创建一个 City 类的实例。记住，需要像代码清单 12-6 中那样给构造函数提供两个坐标和一个编号。

代码清单 12-6　编写 setup() 函数创建一座城市

```
def setup():
    size(600,600)
    background(0)
    city0 = City(100,200,0)
    city0.display()
```

运行草图，你将看到你的第一座城市（见图 12-2）！

图 12-2　第一座城市

在圆上方显示城市的编号会对我们有所帮助。为此，向城市的 display() 方法加入下面两行，位置在 noFill() 之前：

```
textSize(20)
text(self.number,self.x-10,self.y-10)
```

我们用 Processing 内置的 textSize() 函数指定文本的大小。然后用 text() 函数告诉程序要打印什么（城市的编号）以及在哪里打印（距离城市的左侧和上方各 10 像素的位置）。因为要创建很多城市，所以先定义一个空的 cities 列表，然后放入位置随机的城市。要使用 random 模块中的方法，需要在文件开头导入它。

```
import random
```

将 setup() 函数改成如代码清单 12-7 所示。

代码清单 12-7　编写 setup() 函数，随机创建六座城市（travelingSalesperson.pyde）

```
cities = []

def setup():
    size(600,600)
    background(0)
    for i in range(6):
        cities.append(City(random.randint(50,width-50),
                           random.randint(50,height-50),i))

    for city in cities:
        city.display()
```

在 setup() 函数中，我们加入了一个运行六次的循环。它向 cities 列表添加一个位置随机（距离窗口边缘至少 50 像素）的 City 对象。还有一个循环会遍历 cities 列表中的所有城市并将它们显示出来。运行草图，你将看到六个位置随机的城市，每座城市上方都标明了编号，如图 12-3 所示。

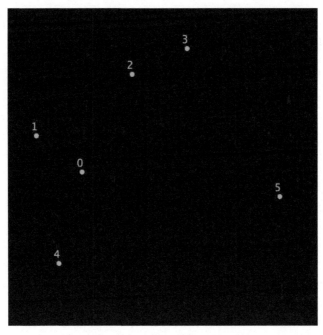

图 12-3　标有数字的六个城市

现在来想想城市间的路线吧。我们将 City 对象（含有位置和编号）放进了 cities 列表中。最终，每条路线将会是由城市编号按照一定顺序排列而成的列表（也就是"遗传物质"）。因此 Route 对象需要一个随机数列表：一个所有城市编号的随机序列。当然，编号是从 0 到城市数减 1。我们用一个变量代替城市数，这样可以在多处使用它，而只需要在一处改变它。在文件开头 City 类的定义前加入下面这行：

```
N_CITIES = 10
```

为什么要全部大写呢？在程序中，我们不会改变城市的数量，因此把它当作一个常量。在 Python 中，习惯上将值不会改变的变量名大写，以区别于值会改变的变量。这不会改变 Python 对待它们的方式，名称大写的变量仍然可以被改变，因此要小心。

在 City 类的定义后加上代码清单 12-8 所示的代码。

代码清单 12-8　Route 类

```
class Route:
    def __init__(self):
        self.distance = 0
        # 将城市编号按一定顺序放入列表
        self.cityNums = random.sample(list(range(N_CITIES)),N_CITIES)
```

首先将路线的距离（也就是长度，但 length 是 Processing 的关键字）设为 0，然后创建 cityNums 列表并随机放入城市编号。

可以用 random 模块的 sample() 方法，只要提供一个列表以及抽样次数，该方法就会返回一个随机抽样列表。它有点像 choice()，不过不会重复选择同一项。在概率论中，这被称作"不放回抽样"（sampling without replacement）。在 IDLE 中输入下面的代码，看看 sample() 的作用：

```
>>> n = list(range(10))
>>> n
[0, 1, 2, 3, 4, 5, 6, 7, 8, 9]
>>> import random
>>> x = random.sample(n,5)
>>> x
[2, 0, 5, 3, 8]
```

这里调用 range(10) 并将它返回的可迭代对象转换成一个列表，创建了一个包含从 0 到 9 这十个数的列表，名为 n。然后导入 random 模块，调用 sample() 方法从 n 列表中做五次不放回抽样，将结果保存在列表 x 中。在代码清单 12-8 中，城市编号是从 0 到城市数减 1，也就是 range(N_CITIES)。我们将它转换成列表后做 N_CITIES 次不放回抽样，把得到的列表赋给 Route 类的 cityNums 属性。

那么该如何显示路线呢？我们在城市间画出品红色的直线段代表路线，你也可以用自己喜欢的颜色。

像这样画城市间的连线应该会让你想起代数课或三角学课中在图上画点之间的连线。唯一的区别在于，连接最后一个点之后，还要将它和第一个点连接。还记得在第 6 章中用到的 beginShape()、vertex() 和 endShape() 吗？我们能用它们勾勒出形状，同样可以用其将 Route 对象作为形状的轮廓画出来，只不过这次不给这个形状填充颜色。使用 endShape(CLOSE) 就可以自动将最后一个点和第一个点连接，使路径闭合形成路线！向 Route 类加入代码清单 12-9 所示的代码。

代码清单 12-9　编写 Route 类的 display() 方法

```
def display(self):
    strokeWeight(3)
    stroke(255,0,255) # 品红色
    beginShape()
    for i in self.cityNums:
        vertex(cities[i].x,cities[i].y)
        # 显示城市和编号
        cities[i].display()
    endShape(CLOSE)
```

方法中的循环按照 Route 对象的 cityNums 列表中的顺序，将 cities 中城市的坐标作为 vertex() 函数的参数，指定形状顶点的位置。顶点记录完毕后（调用 endShape() 后），程序会用直线段将它们依次连接起来，形成城市间的路线。注意我们还调用了 City 的 display() 方法，这样就不需要另外编写显示所有城市的代码了。

在 setup() 函数中，我们实例化一个 Route 对象，然后调用它的 display() 方法。代码清单 12-10 中的最后两行代码执行了这两步操作。

代码清单 12-10　显示一条路线

```
def setup():
    size(600,600)
    background(0)
    for i in range(N_CITIES):
        cities.append(City(random.randint(50,width-50),
                          random.randint(50,height-50),i))
    route1 = Route()
    route1.display()
```

运行草图，你将看到城市间的一条随机路线，如图 12-4 所示。

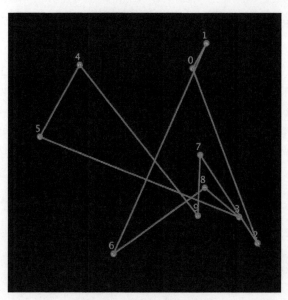

图 12-4　一条随机路线

要改变城市的数量，只需要改变程序开头赋给 N_CITIES 的值，然后再次运行即可。图 12-5 展示了我的程序在 N_CITIES = 7 时的输出。

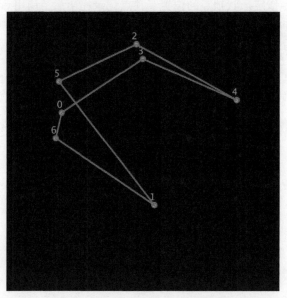

图 12-5　七个城市间的一条路线

现在我们可以创建并显示路线了，下面来编写一个测量路线长度的函数吧。

12.2.2　编写 calcLength() 方法

Route 类有一个 distance 属性，在实例化时会被设为 0。每个 Route 对象都有一个名为 cityNums 的城市编号列表。我们要做的只是遍历这个列表并维护两个城市间距的运行总和。

代码清单 12-11 展示了 calcLength() 方法的代码，它属于 Route 类。

代码清单 12-11　计算一条 Route 的长度

```
def calcLength(self):
    self.distance = 0
    for i,num in enumerate(self.cityNums):
    # 求出当前城市到前一个城市的距离
        self.distance += dist(cities[num].x,
                              cities[num].y,
                              cities[self.cityNums[i-1]].x,
                              cities[self.cityNums[i-1]].y)
    return self.distance
```

首先将 distance 归零，这样每次调用这个方法时，运行总和都会从零开始。我们用 enumerate() 函数同时获取 cityNums 列表的索引和元素。然后使 distance 属性递增当前城市（编号为 num）到它前一个城市（编号为 self.cityNums[i-1]）的距离。接下来，在 setup() 函数末尾加上下面这行代码：

```
println(route1.calcLength())
```

运行后就可以在控制台中看到推销员走过的路程了，如图 12-6 所示。

```
println(route1.calcLength())
```

1358.89595032

Console

图 12-6　我们算出了路程……我想是吧

算出的这个长度正确吗？我们来确认一下。

12.2.3　测试 calcLength() 方法

我们给程序一条简单的路线，即一个边长为 200 像素的正方形，并检查它返回的结果。首先将城市数量改为 4：

```
N_CITIES = 4
```

然后将 setup() 函数改成如代码清单 12-12 所示。

```
cities = [City(100,100,0), City(300,100,1),
          City(300,300,2), City(100,300,3)]

def setup():
    size(600,600)
    background(0)
    '''for i in range(N_CITIES):
        cities.append(City(random.randint(0,width),
                      random.randint(0,height),i))'''
    route1 = Route()
    route1.cityNums = [0,1,2,3]
    route1.display()
    println(route1.calcLength())
```

我们将之前随机创建城市列表的循环注释掉，因为检查 calcLength() 方法之后还会用到它。然后创建一个新的 cities 列表，它包含边长为 200 像素的正方形的四个顶点。我们还额外设置了 route1 的 cityNums 列表，否则城市会被随机连接。这条路线的长度预计是 800 像素。

运行草图，输出如图 12-7 所示。

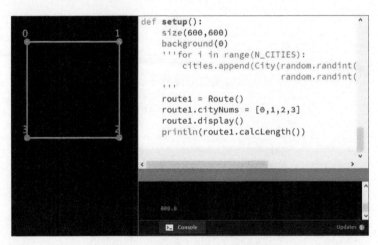

图 12-7　calcLength() 方法运作正常

结果是 800 像素，和预期的一样！你也可以试试其他易于验证的路线。

12.2.4　随机路线

要找出最短路线，就要遍历所有可能的路线。为此，我们要用到会被无限循环调用的 draw() 函数。将 setup() 中和路线有关的代码转移到 draw() 函数中，无限循环会不停地创建随机路线并显示它和它的长度。代码清单 12-13 展示了全部的代码。

```
import random

N_CITIES = 10

class City:
    def __init__(self,x,y,num):
        self.x = x
        self.y = y
        self.number = num # 编号

    def display(self):
        fill(0,255,255) # 青色
        ellipse(self.x,self.y,10,10)
        textSize(20)
        text(self.number,self.x-10,self.y-10)
        noFill()

class Route:
    def __init__(self):
        self.distance = 0
        # 将城市编号按一定顺序放入列表
        self.cityNums = random.sample(list(range(N_CITIES)),N_CITIES)

    def display(self):
        strokeWeight(3)
        stroke(255,0,255) # 品红色
        beginShape()
        for i in self.cityNums:
            vertex(cities[i].x,cities[i].y)
            # 显示城市和编号
            cities[i].display()
        endShape(CLOSE)

    def calcLength(self):
        self.distance = 0
        for i,num in enumerate(self.cityNums):
        # 求出当前城市到前一个城市的距离
            self.distance += dist(cities[num].x,
                                  cities[num].y,
                                  cities[self.cityNums[i-1]].x,
                                  cities[self.cityNums[i-1]].y)
        return self.distance

cities = []

def setup():
    size(600,600)
    for i in range(N_CITIES):
        cities.append(City(random.randint(50,width-50),
                           random.randint(50,height-50),i))

def draw():
    background(0)
```

```
route1 = Route()
route1.display()
println(route1.calcLength())
```

运行草图，你将看到窗口在不停地切换显示不同的路线，控制台则在不停地打印数据。

但我们只关心最优（最短）路线，因此添加一些代码来保存最优路线并检查新的随机路线的长度。将 setup() 和 draw() 改成如代码清单 12-14 所示。

代码清单 12-14　记录随机改进的次数

```
cities = []
random_improvements = 0
mutated_improvements = 0

def setup():
    global best, record_distance
    size(600,600)
    for i in range(N_CITIES):
        cities.append(City(random.randint(50,width-50),
                            random.randint(50,height-50),i))
    best = Route()
    record_distance = best.calcLength()

def draw():
    global best, record_distance, random_improvements
    background(0)
    best.display()
    println(record_distance)
    println("random: "+str(random_improvements))
    route1 = Route()
    length1 = route1.calcLength()
    if length1 < record_distance:
        record_distance = length1
        best = route1

        random_improvements += 1
```

在 setup() 前，我们创建一个名为 random_improvements 的变量，记录因随机生成路线而改进（缩短）最优路线的次数。再创建一个名为 mutated_improvements 的变量，记录因突变而改进最优路线的次数。

在 setup() 中，我们创建第一条 Route 并将其命名为 best，然后计算它的长度并将结果赋给 record_distance。因为这两个变量还要在 draw() 函数中用到，所有在两个函数的开头都要声明它们是全局变量。

在 draw() 中，我们生成一条新的随机路线，然后检查它的长度是否小于当前最短长度。由于目前只有 10 个城市，让它运行一段时间可能就会得到最优路线。你将看到，只需要十几次随机改进就能找到最优路线。不过要知道，10 个城市间只有 181 440 条不同的路线。图 12-8 展示的是一条 10 个城市间的最优路线。

如果将城市数量改为 20，这个程序将运行好几天的时间，并且很可能在你能等到的时间里不会接近最优解。这就需要使用本章前面猜句程序的思想了——给猜测评分并变异最优解。与之前不同的是，我们将为最优路线设立一个"交配池"（mating pool），将它们的城市编号列表像基因一样组合起来。

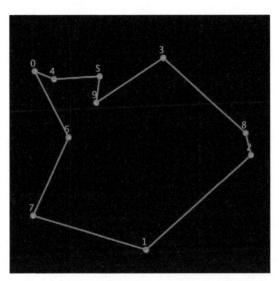

图 12-8　随机寻找最优路线——如果你愿意等几分钟

12.2.5　运用猜句程序的突变思想

将编号列表（推销员访问城市的顺序）看作 Route 的遗传物质。我们先来看看随机突变的效果（就像猜句程序），之后会将最优路线互相"交配"以期得到更优路线。

12.2.6　突变列表中的两个数

我们来编写一个方法，随机突变 Route 对象的 cityNums 列表中的两个数。这实际上就是一个交换（swap）操作。你可能已经猜到我们会随机选择两个数，然后以它们为索引交换列表中两个元素的位置。

在 Python 中交换两个数值有一种不用临时变量的独特写法。代码清单 12-15 展示了一个错误示范。

代码清单 12-15　交换两个变量的值的错误做法

```
>>> x = 2
>>> y = 3
>>> x = y
```

```
>>> y = x
>>> x
3
>>> y
3
```

在你用 x = y 把 x 的值改成和 y 相同后，它们的值都变成了 3。这时再想把 y 的值改成 x 原来的值已经不可能了，因为它已经丢失了，x 现在的值已经变成了 3。

不过**可以**在同一行内交换两个变量的值，像这样：

```
>>> x = 2
>>> y = 3
>>> x,y = y,x
>>> x
3
>>> y
2
```

这种写法对我们将要进行的变异很有帮助。我们可以交换不止一对城市。将交换操作放入一个循环，就可以选择任意多对城市了——交换完第一对再交换第二对，以此类推。mutateN() 方法如代码清单 12-16 所示。

代码清单 12-16　编写 mutateN() 方法，交换任意多个编号

```
def mutateN(self,num):
    indices = random.sample(list(range(N_CITIES)),num)
    child = Route()
    child.cityNums = self.cityNums[::]
    for i in range(num-1):
        child.cityNums[indices[i]],child.cityNums[indices[(i+1)%num]] = \
        child.cityNums[indices[(i+1)%num]],child.cityNums[indices[i]]
    return child
```

我们给予 mutateN() 方法一个参数 num，表示要交换的城市编号有几个。然后从城市编号中不放回抽样出 num 个，生成一个索引列表。接着实例化一个"子"Route，将本 Route 的编号列表复制给它。然后交换子路线编号列表中的元素 num-1 次，因为如果交换 num 次，以索引列表第一项为索引的元素会回到它一开始的位置。

最长的那一行在语法上和前面的 x,y = y,x 相同，只不过这次交换的是 cityNums 中的元素。取模运算符（%）确保索引不会超过城市数量 num。[①] 例如，如果交换四个城市，i 就是 4，它会把 i + 1 从 5 改为 5 % 4，也就是 1。

接下来，我们在 draw() 函数末尾加入一段代码，变异最优路线的编号列表，并检查变异后路线的长度。修改后的 draw() 如代码清单 12-17 所示。

---

① 在本例中 i < num-1，i+1 不会产生索引越界的问题。——译者注

```
def draw():
    global best,record_distance,random_improvements
    global mutated_improvements
    background(0)
    best.display()
    println(record_distance)
    println("random: "+str(random_improvements))
    println("mutated: "+str(mutated_improvements))
    route1 = Route()
    length1 = route1.calcLength()
    if length1 < record_distance:
        record_distance = length1
        best = route1
        random_improvements += 1

    for i in range(2,6):
        # 新建一条路线
        mutated = Route()
        # 把最优列表赋给它的列表
        mutated.cityNums = best.cityNums[::]
        mutated = mutated.mutateN(i) # 让它变异
        length2 = mutated.calcLength()
        if length2 < record_distance:
            record_distance = length2
            best = mutated
            mutated_improvements += 1
```

在 for i in range(2,6): 这一循环中，我们变异两个、三个、四个和五个城市并检查结果。现在程序一般只需要数秒就能找到 20 个城市间较优甚至最优的路线了，如图 12-9 所示。

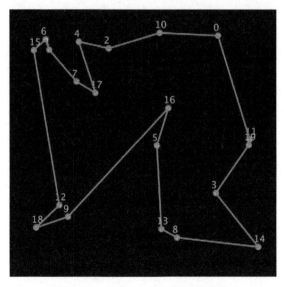

图 12-9　一条 20 个城市间的路线

通过变异生成"生物体"比随机生成"生物体"对路线的改进要频繁得多！图 12-10 展示了打印出的随机改进和变异改进的次数。

```
random: 1
mutated: 29
```

图 12-10 变异比随机生成的效果好多了

根据图 12-10，有 29 次改进是因为变异，只有一次是因为随机生成的 Route。这说明，比起随机生成一条全新的路线，变异现有的最优路线能更好地找到最优路线。像下面这样将循环变量的范围增加到 11，可以将变异的强度提高到 10 个城市：

```
for i in range(2,11):
```

尽管这提高了程序在 20 城市问题甚至一些 30 城市问题中的表现，程序还是经常会卡在非最优解里，如图 12-11 所示。

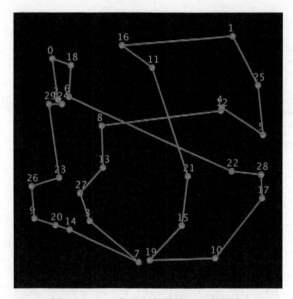

图 12-11　一个卡在非最优解里的程序

我们将进行最后一步，使算法完全遗传化。现在我们不再只关注当前最优路线，而是要保存一个巨大的种群。

我们将创建一个包含任意数量路线的 population 列表，从中选择"最适的"（fittest）两条路线，并交叉它们的遗传物质（也就是城市编号列表），以期得到一条更优的路线！在 setup() 之前加上 population 列表以及一个代表路线数量的常量，如代码清单 12-18 所示。

```
cities = []
random_improvements = 0
mutated_improvements = 0
population = []
POP_N = 1000 # 路线数量
```

在 setup() 函数中，向 population 列表填入 POP_N 条路线，如代码清单 12-19 所示。

```
def setup():
    global best,record_distance,first
    size(600,600)
    for i in range(N_CITIES):
        cities.append(City(random.randint(50,width-50),
                           random.randint(50,height-50),i))
    # 将生物体放入种群列表 population
    for i in range(POP_N):
        population.append(Route())
    best = random.choice(population)
    record_distance = best.calcLength()
    first = record_distance
```

我们用 for i in range(POP_N) 将 POP_N 条路线放入 population 列表，然后从中随机选择一条作为当前最优路线。

12.2.7　通过交叉改进路线

在 draw() 函数中，我们给 population 列表排序，将长度最短的 Route 对象排在前面。我们将定义一个 crossover() 方法，将两个 Route 对象的 cityNums 列表随机拼接在一起。下面是它将实现的功能：

```
a: [6, 0, 7, 8, 2, 1, 3, 9, 4, 5]
b: [1, 0, 4, 9, 6, 2, 5, 8, 7, 3]
index: 3
c: [6, 0, 7, 1, 4, 9, 2, 5, 8, 3]
```

列表 a 和 b 是 "双亲"。索引 3 是随机选择的。然后将列表 a 从索引 2 和 3 中间切分开，左边的一半将成为子列表的开头部分，也就是 [6,0,7]。然后按顺序在列表 b 中筛选出开头部分没有的元素，也就是 [1,4,9,2,5,8,3]。将这两个列表拼接起来就得到了子列表。crossover() 方法如代码清单 12-20 所示。

```
    def crossover(self,partner):
        ''' 把双亲的基因拼接在一起 '''
        child = Route()
```

```
# 随机选择切分点
index = random.randint(1,N_CITIES - 1)
# 添加切分点之前的元素
child.cityNums = self.cityNums[:index]
# 有一半的概率将它翻转
if random.random()<0.5:
    child.cityNums = child.cityNums[::-1]
# 不在切片中的数的列表
notinslice = [x for x in partner.cityNums if x not in child.cityNums]
# 添加不在切片中的数
child.cityNums += notinslice
return child
```

crossover() 方法需要我们指定 partner，也就是双亲中的另一个。首先实例化一个 child 路线，然后随机选择切分的位置。child 的列表会得到本路线的列表的前一半，而为了提高遗传多样性，有 50% 的概率将这个切片逆序排列。我们用列表推导式创建一个列表，它包含所有在 partner 的列表中而不在 child 的列表中的元素。最后，将这个列表和 child 的列表相拼接并返回 child 路线。

在 draw() 函数中，我们需要找到 population 列表中的最短路线。难道又要像以前一样逐条检查路线的长度吗？ Python 列表有一个方便的 sort() 方法，可以将 calcLength() 方法作为参数计算元素的键。sort() 会将元素按照键从小到大的顺序排列。[①] 因此排序后，列表的第一个 Route 就是最短路线。代码清单 12-21 展示了 draw() 函数最终版本的代码。

代码清单 12-21　编写最终的 draw() 函数

```
def draw():
    global best,record_distance,population
    background(0)
    best.display()
    println(record_distance)
    #println(best.cityNums) # 如果你需要确切的路径的话!
❶  population.sort(key=Route.calcLength)
    population = population[:POP_N] # 限制种群大小
    length1 = population[0].calcLength()
    if length1 < record_distance:
        record_distance = length1
        best = population[0]

    # 在种群中做交叉
❷  for i in range(POP_N):
        parentA,parentB = random.sample(population,2)
        # 繁殖
        child = parentA.crossover(parentB)
        population.append(child)
```

---

① 其实可以看出，Route 类的 distance 属性没什么用。——译者注

```
        # 用 mutateN 生成种群中最优路线的变异
❸   for i in range(3,25):
        if i < N_CITIES:
            new = best.mutateN(i)
            population.append(new)

        # 用 mutateN 生成种群中随机路线的变异
❹   for i in range(3,25):
        if i < N_CITIES:
            new = random.choice(population)
            new = new.mutateN(i)
            population.append(new)
```

我们在 ❶ 处使用 sort() 方法，然后裁去 population 列表的末尾（最长的那些路线），将列表长度保持在 POP_N。然后检查 population 列表的第一项是否比当前最优路线短。如果是，就将它设为最优路线。接下来，从种群中随机抽取两条路线进行交叉，将产生的子路线添加到种群中。重复这一过程 POP_N 次（见 ❷）。然后变异最优路线，交换它的编号列表的 3 个、4 个、5 个……一直到 24 个数，并将变异出的路线加入种群（见 ❸）。最后，从种群中随机选取路线进行变异，将变异出的路线加入种群（见 ❹）。

现在，将路线的种群大小设为 10 000，我们的程序可以很好地近似出通过 100 个城市的最优路线。图 12-12 展示了程序将路线长度从最初的 26 000 个单位改进到 4000 个单位以下的过程。

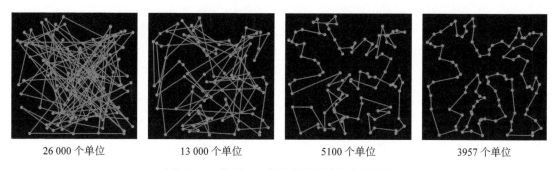

| 26 000 个单位 | 13 000 个单位 | 5100 个单位 | 3957 个单位 |

图 12-12　穿过 100 个城市的路线的改进过程

整个过程"只"花了半个小时！

12.3　小结

在本章中，我们没有用 Python 解答你在数学课上遇到的那种答案非对即错的问题，而是用间接方法（给字符串以及穿越城市的路线打分）解决了需要猜测答案的问题！

为此，我们模仿生物体的基因突变，利用了某些突变比其他突变更利于解决问题的事实。我们知道本章开头目标句的内容，但要确定一条路线是否是最短的，需要保存城市的位置并让程序再多运行几次。这是因为遗传算法就像真实的生物体一样，只能从初始状态出发、逐步进化，并且如你所见，经常会卡在非最优的状态。

　　这些间接方法有效得惊人，并且被广泛应用于机器学习和工业过程中。方程可以很好地表达简单关系，但很多情况没有那么简单。现在，你有了很多可以用来研究和模拟复杂系统的工具，比如"羊吃草"模型、分形、元胞自动机，以及遗传算法。

技术改变世界 · 阅读塑造人生

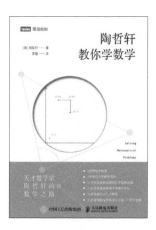

陶哲轩教你学数学

◆ 菲尔兹奖得主陶哲轩数学思维大解析
◆ 通过奥数竞赛习题解答，带你领悟数学之美

作者： [澳] 陶哲轩
书号： 978-7-115-46894-9

数学女孩

◆ 日本数学会强力推荐 绝赞的数学科普书
◆ 原版全系列累计销量突破50万册
◆ 日本数学会出版奖得主结城浩畅销力作

作者： [日] 结城浩
书号： 978-7-115-41035-1

数学与生活（修订版）

◆ 通俗讲解 还原数学的纯粹容颜
◆ 生活故事 诠释小学至大学数学的原理与精髓
◆ 人性思维 消解"应试数学"带来的数学恐惧感

作者： [日] 远山启
书号： 978-7-115-37062-4

技术改变世界 · 阅读塑造人生

父与子的编程之旅：与小卡特一起学 Python（第 3 版）

◆ Python编程启蒙畅销书全新升级
◆ 为希望尝试亲子编程的父母省去备课时间
◆ 问答式讲解，从孩子的视角展现逻辑思维过程

作者：[美]沃伦·桑德，卡特·桑德
书号：978-7-115-54724-8

Python 编程：从入门到实践（第 2 版）

◆ 中文版重印30余次，销量近90万册
◆ 针对Python 3新特性升级，重写项目代码
◆ 真正零基础，自学也轻松

作者：[美]埃里克·马瑟斯
书号：978-7-115-54608-1

Python 基础教程（第 3 版）

◆ 久负盛名的Python入门经典
◆ 中文版累计销量35万册
◆ 针对Python 3全新升级

作者：[美]芒努斯·利·海特兰德
书号：978-7-115-47488-9